新光传媒◎编译

Eaglemoss出版公司◎出品

FIND OUT MORE

动物的身体

U0181313

石油工业出版社

图书在版编目（CIP）数据

动物的身体 / 新光传媒编译. —北京：石油工业
出版社，2020.3
（发现之旅. 动植物篇）
ISBN 978-7-5183-3143-7

Ⅰ. ①动… Ⅱ. ①新… Ⅲ. ①动物－普及读物 Ⅳ.
①Q95-49

中国版本图书馆CIP数据核字（2019）第035289号

发现之旅：动物的身体（动植物篇）

新光传媒　编译

出版发行：石油工业出版社
　　　　　（北京安定门外安华里 2 区 1 号楼　100011）
网　　址：www.petropub.com
编 辑 部：（010）64523783
图书营销中心：（010）64523633
经　　销：全国新华书店
印　　刷：北京中石油彩色印刷有限责任公司
2020 年 3 月第 1 版　2020 年 3 月第 1 次印刷
889×1194 毫米　开本：1/16　印张：8.25
字　　数：105 千字
定　　价：36.80 元
（如出现印装质量问题，我社图书营销中心负责调换）

版权所有，翻印必究

编辑说明

　　"发现之旅"系列图书是我社从英国 Eaglemoss（艺格莫斯）出版公司引进的一套风靡全球的家庭趣味图解百科读物，由新光传媒编译。这套图书图片丰富、文字简洁、设计独特，适合8 ~ 14 岁读者阅读，也适合家庭亲子阅读和分享。

　　英国 Eaglemoss 出版公司是全球非常重要的分辑读物出版公司之一。目前，它在全球 35个国家和地区出版、发行分辑读物。新光传媒作为中国出版市场积极的探索者和实践者，通过十余年的努力，成为"分辑读物"这一特殊出版门类在中国非常早、非常成功的实践者，并与全球非常强势的分辑读物出版公司 DeAgostini（迪亚哥）、Hachette（阿谢特）、Eaglemoss 等形成战略合作，在分辑读物的引进和转化、数字媒体的编辑和制作、出版衍生品的集成和销售等方面，进行了大量的摸索和创新。

　　《发现之旅》(*FIND OUT MORE*) 分辑读物以"牛津少年儿童百科"为基准，增加大量的图片和趣味知识，是欧美孩子必选科普书，每 5 年更新一次，内含近 10000 幅图片，欧美销售30 年。

　　"发现之旅"系列图书是新光传媒对 Eaglemoss 最重要的分辑读物 *FIND OUT MORE* 进行分类整理、重新编排体例形成的一套青少年百科读物，涉及科学技术、应用等的历史更迭等诸多内容。全书约 450 万字，超过 5000 页，以历史篇、文学·艺术篇、人文·地理篇、现代技术篇、动植物篇、科学篇、人体篇等七大板块，向读者展示了丰富多彩的自然、社会、艺术世界，同时介绍了大量贴近现实生活的科普知识。

　　发现之旅（历史篇）：共 8 册，包括《发现之旅：世界古代简史》《发现之旅：世界中世纪简史》《发现之旅：世界近代简史》《发现之旅：世界现代简史》《发现之旅：世界科技简史》《发现之旅：中国古代经济与文化发展简史》《发现之旅：中国古代科技与建筑简史》《发现之旅：中国简史》，主要介绍从古至今那些令人着迷的人物和事件。

发现之旅（文学·艺术篇）：共 5 册，包括《发现之旅：电影与表演艺术》《发现之旅：音乐与舞蹈》《发现之旅：风俗与文物》《发现之旅：艺术》《发现之旅：语言与文学》，主要介绍全世界多种多样的文学、美术、音乐、影视、戏剧等艺术作品及其历史等，为读者提供了了解多种文化的机会。

发现之旅（人文·地理篇）：共 7 册，包括《发现之旅：西欧和南欧》《发现之旅：北欧、东欧和中欧》《发现之旅：北美洲与南极洲》《发现之旅：南美洲与大洋洲》《发现之旅：东亚和东南亚》《发现之旅：南亚、中亚和西亚》《发现之旅：非洲》，通过地图、照片和事实档案等，逐一介绍各个国家和地区，让读者了解它们的地理位置、风土人情、文化特色等。

发现之旅（现代技术篇）：共 4 册，包括《发现之旅：电子设备与建筑工程》《发现之旅：复杂的机械》《发现之旅：交通工具》《发现之旅：军事装备与计算机》，主要解答关于现代技术的有趣问题，比如机械、建筑设备、计算机技术、军事技术等。

发现之旅（动植物篇）：共 11 册，包括《发现之旅：哺乳动物》《发现之旅：动物的多样性》《发现之旅：不同环境中的野生动植物》《发现之旅：动物的行为》《发现之旅：动物的身体》《发现之旅：植物的多样性》《发现之旅：生物的进化》等，主要介绍世界上各种各样的生物，告诉我们地球上不同物种的生存与繁殖特性等。

发现之旅（科学篇）：共 6 册，包括《发现之旅：地质与地理》《发现之旅：天文学》《发现之旅：化学变变变》《发现之旅：原料与材料》《发现之旅：物理的世界》《发现之旅：自然与环境》，主要介绍物理学、化学、地质学等的规律及应用。

发现之旅（人体篇）：共 4 册，包括《发现之旅：我们的健康》《发现之旅：人体的结构与功能》《发现之旅：体育与竞技》《发现之旅：休闲与运动》，主要介绍人的身体结构与功能、健康以及与人体有关的体育、竞技、休闲运动等。

"发现之旅"系列并不是一套工具书，而是孩子们的课外读物，其知识体系有很强的科学性和趣味性。孩子们可根据自己的兴趣选读某一类别，进行连续性阅读和扩展性阅读，伴随着孩子们日常生活中的兴趣点变化，很容易就能把整套书读完。

目录 CONTENTS

动物的蛋和卵

一枚蛋或一颗卵里蕴含着创造新生命所必需的全部元素——无论是蜗牛的卵，还是鳄鱼的蛋。根据物种的不同，蛋（卵）有各种各样的形状、大小和颜色，从鸵鸟那巨大的重达1.5千克的蛋，到丰年虾微小的卵。

卵是动物成长的第一步。它是在母亲体内从一个细胞开始发育的，来自父亲的精细胞使它受精。一旦受精，卵就分裂为两个新的细胞，然后又继续一次次地分裂。最后，这些卵形成一个中空的球体。从这时起，被称为胚胎的发育中的动物开始分化出特殊的细胞，比如心脏，动物就开始成形了。

谁下蛋

几乎所有动物的繁殖过程都是从蛋或卵开始的，其中大多数动物会把蛋或卵产在体外。这些蛋或卵的外面通常都覆盖着一层具有保护作用的凝胶状物质，或者坚硬的壳。鱼在大海、河流或者湖泊中产卵；乌龟和鳄鱼在沙地里生蛋；青蛙在池塘中产卵；鸟在自己的巢中生蛋。所有的蛋或卵中都含有养料，即蛋黄或卵黄，这使胚胎得以生长。鸟类和爬行动物的蛋中还含有蛋白（蛋清），它既可以在蛋被移动时起到减震的作用，又可以作为另一种食物资源。

包括人类在内的大多数哺乳动物都不会生蛋，不过都有微小的、没有卵黄的卵，这种卵直接在母体内受精。胚胎通过胎盘连接着母亲的子宫，这可以为胎儿的生长提供营养，所以并不需要卵黄。单孔类动物，包括鸭嘴兽和针鼹鼠，是仅有的两种能够生蛋的哺乳动物。

卵的受精

生活在水中的动物通常会使卵在体外受精。母亲将卵细胞产在水里，父亲将精细胞喷射到周围的水中。然后精子会四处游动，直到它们和浮动着的卵子接触并使卵子受精。生活在陆地上和海岸上的爬行动物和鸟倾向于产下有坚硬外壳的蛋，壳里含有适宜胚胎生长的水环境。

蛋或卵的大小

　　蛋或卵的大小一般与从中孵化出来的动物的大小有关。大型动物产下的蛋也是巨大的。鸵鸟是现存的最大的鸟，所以它们的蛋也是现存的最大的蛋。相比之下，蝴蝶是如此的微小，而蝴蝶的卵也是小小的。

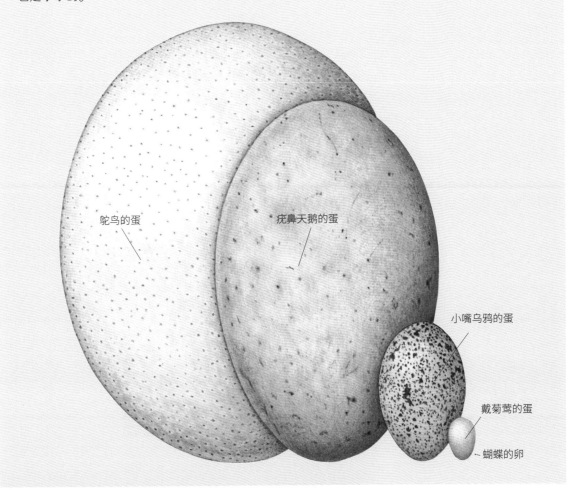

鸵鸟的蛋

疣鼻天鹅的蛋

小嘴乌鸦的蛋

戴菊莺的蛋

蝴蝶的卵

◀ 章鱼妈妈会看护着它的卵长达数月。它用自己的吸盘小心翼翼地把卵上的脏东西移开。当小章鱼孵化出来并浮出水面进食浮游生物时，章鱼妈妈的工作才算彻底结束。

鸟蛋的形状

在母鸡的体内，蛋的组成部分是从内向外发育而成的。鸡蛋是从母鸡卵巢中一个大大的卵母细胞开始发育的。然后它从卵巢中排出，进入一条叫作输卵管的长管，并在这里受精。受精的卵母细胞就是蛋黄，在它的表面，胚胎开始生长。随后继续沿输卵管向下移动，蛋黄外覆盖上几层蛋白。其中一层被称为卵黄系带，它就像吊床一样，使蛋黄在蛋中保持稳定。随后在蛋白外面又出现了两层膜，最后，当它到达子宫后，蛋壳就形成了。蛋壳也是分层结构，里面可能含有色素，从而使壳呈现出一定的颜色。

蛋的形成
蛋的形成需要 24 小时，因为它要从输卵管进入泄殖腔，再从泄殖腔离开母体。

子宫或称壳腺

输卵管

从胚胎到小鸡

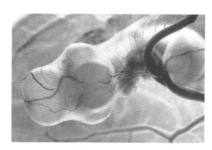

4 天
胚胎开始形成心脏，眼睛和头部也逐渐成形。蛋黄上的血管网络为胚胎提供养料。

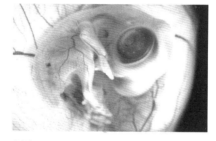

6 天
小鸡的形状更加具体。大眼睛占据了头部的主要位置，喙也形成了，喙的尖端长有卵齿，能帮助小鸡啄破蛋壳。

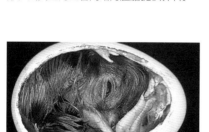

20 天
蜷缩在壳里的长了羽毛的小鸡已经做好了孵化的准备。在蛋的顶端可以看到一个囊，里面是小鸡的排泄物。

小鸡出生
通过卵齿以及后颈有力的孵化肌，一只长了羽毛的、充满警觉的小鸡冲破蛋壳，连滚带爬地来到了这个世界。

因此，卵的受精就必须发生在母亲体内。这些卵先在母亲体内受精，然后才发育出壳或者外层覆盖物。

水中的"婴儿"

所有生物最早的祖先都来自海洋，如今仍旧生活在水中的动物拥有最简单的卵。大多数海洋动物产下的卵都比较小，而且没有壳，也没有太多的卵黄。然后，卵孵化成幼体，幼体会四处游动进食，最后变为成体形态。

大多数淡水动物的卵也没有壳。但是它们的幼体在流速很快的河水或溪流中不能生存，所以淡水动物的卵与海洋动物的卵相比，含有更多的卵黄，而且会直接孵化成健壮的成体。

像青蛙、蟾蜍和蝾螈这样的两栖动物，会产下微小的黑色的卵，外面包裹着一层凝胶状物质，这层物质能防止卵被吃掉。它也起着温室的作用，能使太阳光线穿透进去，给卵加温，促进生长。

△ 狼蛛用卵囊将卵带在身边，直到孵化。卵囊的底部被织成圆盘状，然后狼蛛妈妈把卵产在圆盘里，再接着织完卵囊的其余部分。

你知道吗？

停止灭绝

在许多国家，自 18 世纪以后，本地鸟类的数量就在直线下降。针对这种现象，政府已经颁布了保护鸟类的法律。如果有人从受保护的鸟类的巢中偷取鸟蛋，就会被起诉。

◁ 这只钻纹龟最好快点儿从壳里钻出来，否则它可能会成为美国人餐桌上的一道主菜。

陆地和海边的动物

　　海龟、蜥蜴和蛇的蛋都有柔软而坚韧的壳，但是其他一些爬行动物的蛋，像鳄鱼、乌龟和壁虎，都有坚硬的壳。鸟蛋也有坚硬的壳。鸟类和爬行动物的蛋都能够直接孵化出发育完全的后代，所以它们的蛋通常很大，并且含有丰富的卵黄。

　　昆虫的卵相对较小一些，卵黄非常少。这是因为它们会首先孵化成幼虫，可以摄取大量的养料，然后才进入另一个发育阶段——蛹，或者变为成虫。在昆虫的各个生命阶段中，幼虫是最简单的形式，所以卵并不需要为胚胎的生长提供大量的养料。

▲ 雨蛙的卵产在陆地上。雨蛙的胚胎先变成蝌蚪，再发育成小青蛙，然后才离开卵。

伪装

　　红松鸡在开阔的地面上产蛋，鸟蛋靠深色的斑纹和暗淡的颜色进行伪装。歌鸫在林地里产蛋，蓝绿色的蛋可以混入绿叶中。绿啄木鸟的巢隐藏在树洞里，所以它们的蛋不需要伪装。那些在海岸边筑巢的鸟类，比如鸻类，它们的蛋与产蛋地点的鹅卵石的颜色一致。野鸡会一直坐在蛋的上面，直到幼雏孵化出来——它们就是靠这种方法将蛋隐藏起来的。

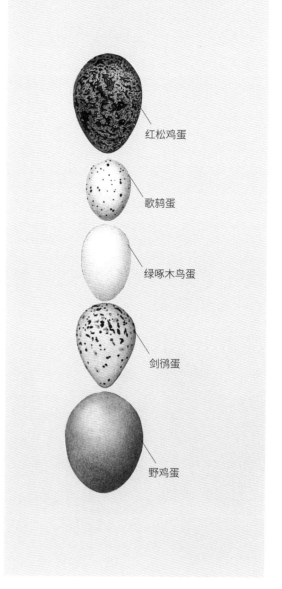

红松鸡蛋

歌鸫蛋

绿啄木鸟蛋

剑鸻蛋

野鸡蛋

产蛋或卵策略

　　动物们总会千方百计地保护自己的蛋或卵，并确保它们能够尽可能多地孵化并生存下来。这些蛋或卵可能拥有与周围生活环境相匹配的色彩模式，从而形成了巧妙的伪装；或者被父母藏在巢穴中。

　　欧洲片网蛛会织出一张大大的丝质蛛网，在树篱或草岸前上方织成一个"房间"。在蛛网后面藏着很多迷宫暗道，雌性蜘蛛会在其中某一处产卵。捕食者要想吃到这些卵，不仅需要在蜘蛛的迷宫里找到它们，还不得不提防遇到看守着卵的蜘蛛妈妈。

　　不过，一种名为口育鱼的淡水鱼选择了最后的

▲ 飞白枫海星是一种不同寻常的海星品种。当这一对海星成功交配之后，雌性会立刻产下大大的富含卵黄的卵。

鸟蛋的形状

　　鸟蛋都是椭圆形的，这使得长腿的幼鸟在蛋里有足够的生长空间，而且这种形状也使雌鸟的产蛋过程更加容易。

海鸽的蛋
这种产在悬崖峭壁上的鸟蛋是梨形的，所以它们能够在原地转圈，不致跌落。

灰林鸮的蛋
猫头鹰（鸮）的蛋近似球形，能滚动到它们平坦的巢的中心。

凤头鹀鹠的蛋
像凤头鹀鹠这样的体形瘦长的鸟，产下的蛋也是细长形状的。

鸡蛋
大多数鸟类的蛋都和鸡蛋形状相似。

昆虫的卵

昆虫的卵有着各种不同的形状和颜色。有些卵有坚硬而精致的壳，而有些卵的壳则是柔软的、黏黏的。昆虫的卵都很小，里面没有或者只有极少量的卵黄。

▲ 这些蝴蝶的卵孵化以后，幼虫有美味的叶子可以大快朵颐。

▲ 生活在印度的盾虫在醋栗叶上产下了两排卵。

▲ 这是一只马蝇产下的一团黏糊糊的卵。一孵化出来，幼虫便会从植物的茎叶上掉落到下面潮湿的土地上。

警觉而无助

鹬在地上产下了一个大大的蛋。乌鸫则将自己小小的蛋产在了树上面。

3 天大的乌鸫
小乌鸫刚出生时全身光秃秃的，也看不见任何东西，完全依赖父母的喂养和保护。

3 天大的鹬
小鹬刚孵化出来时对世界充满了警觉。它的身上覆盖着柔软的绒毛。它出生后几个小时就可以离巢了。

一个藏卵之地。鱼卵受精之后，父亲或者母亲会立刻将卵含在自己的口中。鱼卵要在父母口中待上 10 天左右，直到孵化出来。在这段时间里，含着鱼卵的父母始终不能进食。其他一些动物则把蛋或卵产在那些能为孵化提供充足的食物的地方，或寻找养父母来为自己养育后代。例如，杜鹃就把自己的蛋产在其他鸟类的巢中，把喂养饥饿的小杜鹃的全部负担都留给了养父母。而小杜鹃长大后，会立刻把养父母的子女拱出巢去。

除了那些社会化的物种，像蚂蚁和白蚁，昆虫并不养育自己的后代，但会为孵化的幼虫准备好食物。例如细腰蜂，会把毛虫诱入洞中并将其麻醉，然后把卵产在活着的毛虫身上，幼虫就直接以毛虫为食。

动物的繁衍

　　许多动物的生命都是从壳中开始的，但哺乳动物却得到了父母更多的照料。它们在母亲体内安全地度过生命的初期阶段。附着在母亲的子宫里，它们就像一枚正在慢慢成熟的果实，被滋养着、爱抚着，直到看见生命中的第一束光线。

　　一些爬行动物会生出幼仔，如变色龙和束带蛇。许多鱼类、昆虫和蜗牛也会生幼仔。这些动物都是卵胎生的，它们直接在母体内的卵中孕育，直到出生。出生之前，它们的营养直接来自胎卵，而不是由母亲喂养。怀孕和分娩是胎生动物的特征，像有胎盘的哺乳动物和其他一些能够直接生育幼仔的动物。

▲　一条澳洲母野狗正在一个安全的洞穴中保护自己的小狗。澳洲野狗每年生育一次（与每年生育两次的家狗不同），它们每次怀孕两月，并在早春时节分娩，一次产下 5～7 只幼仔。

根据繁殖方式，哺乳动物分为三类。单孔类哺乳动物，如针鼹鼠，它们产很小的卵；有袋类哺乳动物，如袋鼠，它们会生下尚未成熟的幼仔，这些幼仔在母袋鼠身上的口袋中发育长大；有胎盘类哺乳动物，如长颈鹿和老鼠，它们都有子宫，幼仔出生前先在子宫中发育到一个更高级的阶段。刚生出来的动物既有赤裸无助的小沙鼠，也有完全发育成形的小长颈鹿。

怀孕

当哺乳动物的卵细胞与精子结合后，它会分裂成一个叫胚泡的细胞球，并被植入母体的子宫壁中，这个过程称为胚胎植入（也叫着床）。

然后，胚泡发育成更复杂的胚胎。细胞群开始分裂并形成特定的形状和功能。这一过程叫作细胞分化。胚胎在发育后期，被叫作胎儿。

▲ 怀孕的哺乳动物，像这些雌斑马，都会变肥。但无毛的母鼹鼠在繁殖时，却要保持体形细长，这样才能进入它们居住的地道中。所以，在生育季节里，为了孕育幼仔，母鼹鼠的脊骨会拉伸变长。

胎盘在植入处开始发育。它是一种特殊器官，由母体和胚胎组织形成，血管向它供给丰富的营养。母亲的血液和胎儿的血液不会混合，但是它们彼此相隔很近。所以，氧气和营养物质能够很容易地从母体输送给胎儿，胎儿新陈代谢产生的废物，如二氧化碳，经过另外的通道由母体排出体外。

孕育中的胎儿通过脐带与胎盘相连。胎儿在胎盘中的羊水里漂浮。羊水被许多层隔膜包围着。

在一些哺乳动物的繁殖中，受精卵并不会被直接植入子宫壁。像獾、黄鼠狼、臭鼬这样的鼬鼠科动物，它们的受精卵会延期植入。在这期间，胚泡会自由游动，直到子宫壁周围的环境都非常适合时，它们才会植入。这会将幼仔的发育过程推迟几天或数月。狼獾的受精卵推迟植入时间，这样它们的幼仔才不会在食物稀少的酷寒的冬季里出生。

胎儿在母腹中的这段时期被称为妊娠期。物种在子宫中孕育后代的时间越长，产下的后代越少；而妊娠期短的物种，幼仔往往较多。

在所有的哺乳动物中，亚洲象的妊娠期最长（有20多个月，约609天）。当小象出生时，它的生理机能已发育得很好。生活在美洲的负鼠（一种小型有袋动物）和澳洲东部的本地猫，它们的妊娠期最短（通常只有12天或13天，有的甚至只有8天），它们的幼仔生下来时眼睛是闭着的，而且非常无助。

生命之初

　　哺乳动物的幼仔，在生命的最初阶段，是在母亲的子宫内，在羊水的保护下度过的。它们通过脐带与一个特殊器官——胎盘相连。通过胎盘，胎儿从母体的血液中获得营养物质和氧气，并排出二氧化碳等废物。

妊娠期中的母猴的子宫截面图

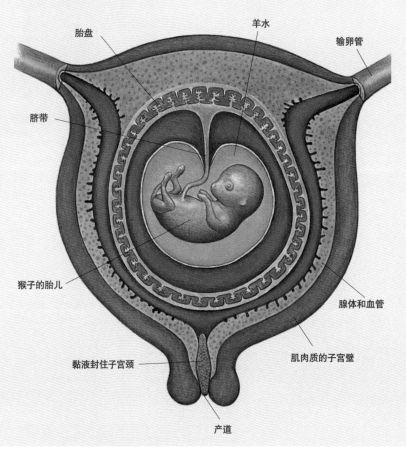

胎盘　　　　　羊水　　　　　输卵管

脐带

猴子的胎儿　　　　　　　腺体和血管

黏液封住子宫颈　　　　肌肉质的子宫壁

产道

◀　一头大象的幼仔生下来就落到了地上。小象在母亲的子宫里大约待了22个月，等它生下来时，已经发育得比较完好了。

分娩

当雌性哺乳动物即将分娩时，它们会寻找安全的、有庇护的地方，或者适合喂养幼仔的洞穴。雌鼹鼠用干树叶建造巢穴，河马在水中产仔。有些动物会躺下分娩，但也有些动物站着分娩。荷尔蒙会使母体的子宫收缩。这种收缩开始很温和，然后越来越剧烈，越来越频繁，直到母体将幼仔从扩张的产道中生出来。胎儿从包膜中露出来时，仍然与脐带相连。母亲会咬断脐带，使幼仔获得自由。最后胎盘出来，疲惫的母亲可能会吃胎盘，这些胎盘都是有价值的，它们富含营养。

长颈鹿宝宝出生时，会从大约 2 米的高处掉下来。它们的角向后弯曲，蹄子上覆盖着果冻状的物质，不管怎么说，它们看起来还是与父母很相似，简直就是父母的袖珍版。海豚和鲸的幼仔是尾部先出来。小马驹是头先出来。兔子被生在安全的洞穴中，身上没有毛，眼睛紧闭着。野兔出生在旷野中，它们发育得很好，眼睛已经睁开，而且一出生就能跑。

▽ 在空旷的非洲草原上，一头小角马出生了。由于四处都潜伏着危险，没有地方可以逗留，所以刚出生的小角马必须自己站起来，并要在几分钟内开始奔跑，躲避饥饿的狮子和鬣狗。

▲ 这头母羊正在舔它的孩子。许多哺乳动物的幼仔一生下来，它们的母亲就会舔它们。在生产后，母亲用鼻子爱抚幼仔，或者用舌头舔幼仔，对于母子之间的关系非常重要，同时也可以帮助母亲识别幼仔的气味。

仓鼠宝宝刚生下来时，通体都是粉红的，眼睛是闭着的，而且很无助，它们看上去可能只比一块被吹起来的泡泡糖稍大一点儿。母仓鼠在一年中会多次分娩，每次都能产很多幼仔。

大开眼界

同胞相食

鼠鲨是巨大而充满活力的动物。在辽阔的海洋中，它们的主要猎物是鲭。鼠鲨通常一胎产 4 头幼仔。幼仔刚出生时长约 50 厘米，腹部充满脂肪。它们在母亲的子宫内，把未受精的卵都吃掉了，所以它们的胃里填满了卵黄，可以靠卵黄生存好几周。

胎儿和母乳

哺乳动物的幼仔出生后，会继续从母亲那里汲取营养。它们主要从母亲的乳头吮吸母乳。一些哺乳动物，如马和鲸，都只在下半身长了一对乳头；蝙蝠和大象则在胸部长着一对乳头；猫长有 4 对乳头。马岛猬（非洲马达加斯加的一种无尾猬）有 11 对乳头，在哺乳动物中是最多的。它们一直都保持着在哺乳动物中生育幼仔的最高纪录——一次产下 31 只幼仔。

母乳的营养价值很高，在幼仔能够自己觅食之前，母乳是最理想的食物。但不同的物种之间，母乳的质量也是不同的。例如母猴的奶，脂肪含量低于 3%；人类的奶，脂肪含量则接近 4%；格陵兰海豹的奶，脂肪成分高达 43%。鲸和海豹的奶液富含脂肪和蛋白质，所以它们的幼仔会以惊人的速度成长，并会长出一层对幼仔的发育极为重要的鲸脂。

这头刚出生一天的灰海豹还拖着它的脐带。在母体的子宫内，脐带是幼仔的生命线，可现在它已经没有用处了，随着小海豹在岩石上四处活动，脐带很快就会被磨损、消失。

▲ 一头黑犀牛的幼仔正在吃母亲的奶。犀牛用来喂奶的乳头长在身体后部，而其他一些哺乳动物，如蝙蝠和大象的乳头则长在胸部。

动物的成长

对一个能够幸运地活过幼年期的动物来说，从童年向成年发展的历程可能会很短，只需要几个星期；也可能会很长，长达很多年，在这期间它们的行为和形体结构都会逐渐发生一些改变。

世界上的很多动物，尤其是鱼类、爬行动物、两栖动物和昆虫，都不得不从一开始就独立谋生。它们的父母并不参与抚育它们的工作，而是通常产下大量的卵，小动物们一旦遇上不测，可以作为补偿。例如，美洲牡蛎一年能产 5 亿枚卵。许多卵在获得生存机会之前就被吃掉了，但是那些成功孵化出的幼仔却能凭借本能，经历挫折考验，最终长大成年。

很多鸟类在很小的时候会得到帮助和保护，但是一旦它们准备离开巢穴或者孵化它们的温室，它们就不得不独自面对生活了。例如，当小海雀还只有两三周大时，它

▲ 图中是一个巢穴里的几只白鼬的幼仔，它们刚出生时闭着眼并且长着稀疏的毛，在 5～6 周大时睁开眼睛。雌性白鼬在 1 岁大的时候就开始交配，虽然此时它们仍未离巢。如果食物充裕，雌性和雄性的欧洲鼬鼠都会在 3～4 个月大的时候成熟起来，而雌性欧洲仓鼠在 60 天的时候就已经可以做妈妈了。

◀ 一只雄性冬蛾正在与一只无翅的雌性交配。肥胖的成年雌性蓑蛾也没有翅膀，而且它们既没有腿也没有视力，在一个用丝和植物编成的袋子里面生活。而短命的雄性蓑蛾甚至不能进食，它必须在死亡之前找到一个雌性进行交配。

们就不得不从悬崖边的巢穴中飞下来，开始自己的首次飞行，并安全地降落到海面上，在那里它们必须靠自己的力量以捕食鱼类为生。像大型猫科动物和野生犬科动物这些必须学会捕食技巧的动物，或者像黑猩猩和大猩猩这种必须要探明在哪里才能找到复杂多样的植物作为食物的动物，它们的生长发育就需要更长的时间。

新衣新貌

　　长大通常意味着形状、颜色以及大小的改变。很多幼仔和幼虫长着有图案的"外衣"，以便能在斑驳的生活环境里把自己伪装起来。獏的幼仔要用大约 8 个月的时间来"脱掉"它的第一层长有斑点的"外衣"，此时，它已经强壮得能够独自面对森林里的生活了。

　　像蝴蝶这类昆虫的外形会发生巨大变化：最初，它们双颌强健，没有性器官，长速极快，在地面匍匐着进食，然后变成蝶蛹。利用自身储存的食物能量，蝶蛹最终变化为蝴蝶。成年的蝴蝶长出了一对翅膀，而且有了用于生殖的卵子或者精子。

　　至于像白蚁、蚂蚁和蜜蜂这一类的社会性动物，个体的大小和形状

平均寿命

蜉蝣（成虫）	2～3 天
禾鼠	6 个月
帝王蝶	1 年
海马	1 年
响尾蛇	10 年以上
白蚁蚁后	15 年
翠鸟	15 年
狮子	30 年
信天翁	30 年以上
大猩猩	35 年
河马	45 年
鸵鸟	50 年以上
虎鲸	50 年
科莫多巨蜥	50 年
非洲象	60 年
希腊龟	100 年

◀　一头健康的精力充沛的非洲雄狮从矮树丛中冲了出来。雄狮长长的鬃毛，强健的体格和威武的姿态帮助它捍卫自己的领地和配偶。

▲ 一只年轻的雄猩猩（左）在长大到能够挑战一只占统治地位的雄猩猩（右），或者替代一只没有生殖能力的雄猩猩之前，可能不得不等待一段很长的时间。成年的雄猩猩会长出它们特有的肉颊和喉囊。

大开眼界

潜规则

某些品种的鱼类有一种非同寻常的能力，它们能在特定的环境中改变性别。著名的变性鱼包括鹦嘴鱼和蓝头濑鱼（如图）。濑鱼生活在西大西洋中，通常雌性和雄性濑鱼的颜色是不一样的，而当雌性濑鱼变成有生殖能力的雄性濑鱼时，它的颜色也会随之改变。美丽的花鱼旨是一种生活在红海和印度洋的小型热带珊瑚礁鱼类。它们的鱼群里面有很多雌性鱼和一条大个儿的被称为超雄性的雄性鱼。如果雄性鱼死了或者离开了，鱼群中最年长的雌性鱼就会顶替它变成雄性鱼。

当幼年的小红袋鼠们还在妈妈的育儿袋里时，雄袋鼠和雌袋鼠的发育速度是一样的。然而，一旦离开育儿袋，雄袋鼠（右）就会长得更快，到最后发育完全时，它们的体形比雌袋鼠大约要大一倍。

决定着它们在自己的社会群体中所扮演的角色。例如，一个白蚁群体中的大多数成员都孵化成为体形小、没有视力，也没有翅膀的工蚁，它们负责建造巢穴、收集食物，并抚育幼年白蚁。而另一些白蚁则发育出了有盔甲覆盖的脑袋和大颚，它们成了兵蚁。很少的一部分白蚁长成了有翅膀、有视力，并能生殖的蚁后，它们最终会飞离巢穴去繁殖出一个新的白蚁群落。

离家出走

很多幼年动物在接近成熟（能够进行生殖）的时候就会离开自己的家庭群落。棕熊是被它们的妈妈赶出家门的，它们必须找到属于自己的领地，那里不仅要有大量的食物，还要有好的洞穴。对于角马而言，只有雄性才会被迫离开角马群。这些幼年雄性角马经常和其他群落中的幼年雄性角马聚集在一起，直到它们强大到能为自己

在白蚁的群落中，每个等级的白蚁都发育得适合履行它们在蚁群中的任务。这张图中身形微小的工蚁们围绕着一只蚁后，它的腹部敞得非常巨大，因为它要履行产卵的任务。

赢得一群雌性角马。雌性和雄性的大猩猩在年轻时就会离开自己童年时期生活的群落。雌性很快就会加入另外一群大猩猩中，而雄性则可能独自生活数年，直到它长得足够高大，并且有足够的吸引力来为自己赢得一群雌性。

成年时期

　　啮齿动物一般在几个星期内就能成熟起来，但一些大型动物则需要数年才行——雌性猩猩到 10 岁时才能做好交配的准备，而有些儒艮要到 18 岁的时候才能做好这种准备。

　　对一些生物来说，它们短暂的成年生活就是用来寻找一个配偶，比如像蜉蝣或蓑蛾这类昆虫，它

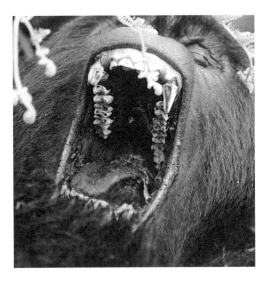

雄性大猩猩的犬齿比雌性大猩猩大得多，因为它们长着大块的腭肌和嶙峋的头骨。它们的头的形状也和雌性大猩猩很不一样。虽然一个大猩猩的家族中，可以同时包括多只雌性和几只雄性，但是仅有一只有生育能力的成年雄性大猩猩的背部会长出银白色的毛。

们短暂的成年时期甚至还来不及进食。但是另外一些生物需要花费数月或数年的时间来建立领地，用于为自己提供食物、住所和交配的机会。

　　动物能长到多大取决于它的性别、环境和对食物的竞争。例如，鲤鱼生活在一个过度拥挤的湖泊里，个头就比不上那些生活在水多鱼稀的环境中的同类们。另外，比如说科莫多巨蜥，它是一种食肉蜥蜴，生活在印度尼西亚群岛上，那里不但有丰富的食物，而且还没有其他大型的捕食者，这种环境下的科莫多巨蜥能长到 3 米或更长。

大西洋鲑鱼

　　大西洋鲑鱼的卵产在河流上游的砾石河床上，从中孵化出的小鱼仔的发育过程中的每一个阶段都显著不同。

眼睛如珠的小鲑鱼仔从鱼卵中孵化出来。它们从自己的卵黄囊中脱离出来，并留在河流的砾石中生活达 6 个星期左右。

矮胖的鱼苗离开砾石河流区，并捕食昆虫幼虫、蠕虫和其他微小的动物。

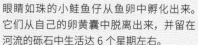

鱼苗长到 10 厘米左右时就变成了幼鲑。它们通体呈棕褐色，身体侧面长有 8 ～ 10 个灰色的"指纹"斑和红点，背上则长着黑点。

当幼鲑长 1 ～ 4 岁并做好了迁徙到大海中去的准备时，它们就变成了有银色光泽并长着黑点的小鲑鱼。

在海里，成年鲑鱼重量增加而且有着精美的银色光泽。其中的一些鲑鱼 1 年后会返回到河里产卵（溯河而上产卵的鲑鱼），另外一些则会在 2 ～ 4 年后朝河流上游迁徙。

产卵后，很多精疲力竭的鲑鱼（产卵后的鲑鱼）都死掉了，但是也有一些疲惫的、瘦瘦的长满斑点的个体存活了下来，它们回到了大海并重新闪着银色光泽。

在昆虫世界里，体形较大的通常是雌性，但在哺乳动物中一般却是雄性更大。这些雄性动物在成年期间继续不断地长大，有时长得非常大以至于使雌性同类相形见绌。成年雄性大猩猩的体重是雌性大猩猩的两倍，而且还长着更长的犬齿。雄狒狒长着像狮子那样的厚鬃毛，而成年的雄性吼猴则发育出了洪亮的嗓音。变得大而强壮不但可以吸引雌性，而且当受到同性对手的威胁时也可以捍卫自己的领地和家庭。

步入老年

啮齿动物的牙齿会不停地生长，鲨鱼也是这样。但是食草动物们，例如大象只有数量有限的几套牙齿，而且这些牙齿会逐渐地磨损。当大象长出第六套牙的时候它就步入了老年，一旦这些牙齿磨损坏了，大象就会被饿死。

▲ 大象似乎对死亡有着非同寻常的理解。它们会看守已经死亡了的群体成员——经常会在这些尸首上盖上树枝。它们也会用自己敏感的象鼻来探察出那些已经逝世的亲戚的骨头。

小孩大个头

大多数年幼的动物都会随着年龄的增长变得更大，但是生活在热带南美地区的萎缩蛙的幼仔蝌蚪却反其道而行之。小蝌蚪在初期能长成一个身长 25 厘米的大家伙，但是成年蛙却萎缩成了一个身长 7.5 厘米的"小矮个"。

小斑几维（一种新西兰产的无翼鸟）产下的蛋相对于它自身的大小来说是最大的。蛋的重量是它妈妈重量的 25%，并且比和它差不多大小的鸟的蛋要重 4 ～ 5 倍。蛋黄占据了整个蛋的重量的 60%（是一般蛋的 2 倍），而幼鸟需要 70 天的时间才能被孵化出来。

很多小型动物活不到老年，它们会提前死于疾病或被捕食者吃掉了。那些最终在群落或兽群中活到老年的个体，有时会受到很"尊敬"的对待，有时也会被自己的同类们弃之不顾。如果一头雄性南非水牛已经过了自己的巅峰期，通常就会被赶离它所在的牛群，然后孤苦伶仃地在泥塘中度日。这让它处于更大的危险之中，很容易遭到觅食的狮子和鳄鱼的攻击。

大象家族中年长的头领被称为"女族长"，只要它的身体允许，就会一直承担着领导象群的重任——即使它可能因为太老而不能再进行生育了，因为这位老首领多年的经验能帮助象群找到最佳的食物和水源。

◀ 一只年轻的猿在一只老猿的注视下走了过来。和人一样，非洲黑猩猩年老时头发会变得灰白。其他动物也会显示出不同的衰老迹象。年长的大象会生出粉色的皮肤，年老的海象运动减少而且獠牙也变得钝化，南非水牛老朽时会长出一块块的秃斑。

成年动物

　　小动物们在它们生命的最初几天、几个月，甚至几年里，都在为它们的成年生命进行着准备。但是，并不是所有的动物幼仔都依赖于它们的父母。许多小动物从出生开始，就不得不自己照顾自己了。

　　对大多数的小动物来说，生命是艰难的。各种各样幼小的昆虫幼虫、蝌蚪以及鱼苗都不得不从出生后的第一天就开始照顾自己。它们并没有"童年"可言，对于它们来说，那只是在幼小的时候的一段供自己成长、改变身体形状，并尽力逃脱伤害的时期。独自生活的小动物，在它们长得更大一些、行动更迅速一些，并且更有能力保护自己之前，尤其容易受到捕食者的攻击。像这样的物种都倾向于生育很多的后代，来弥补它们的后代在幼年时期的大量死亡。

　　然而，有一些动物，会用大量的时间来照顾自己的后代，让它们的后代有机会成熟、独立，并且能够更好地面对残酷的成年生活。小蝎子会骑在母亲的背上，它们在生命的最初几天里，

▲ 这些刚刚长出羽毛的篱雀幼鸟正在向它们的父母乞食。它们那颜色亮丽并且大大张开的喙，促使着父母不断地向它们的嘴里填食物。小篱雀的食量非常大，以至于它们的父母要将大部分的时间花费在寻觅足够的食物上。

▲ 图中这只小鹿那正在发育的鹿角暗示我们，它是一头雄性小麋鹿。鹿角在它出生后的第一年里是未分叉的。当雄性小鹿长大一些，需要为获得异性而战斗时，鹿角就会长出叉来。

都是依靠母亲身上的毒刺来保护自己的。非洲的一种丽鱼科鱼，在幼年时期，当它们遇到危险的时候，就会躲藏到母亲的嘴里面。还有几种爬行动物，比如短吻鳄，也会照料自己的后代。几乎所有的鸟类和哺乳动物都会逗留在自己子女的周围，在它们成长和学习生存技能的过程中，保护它们，给它们喂食，清洁它们的身体。

为了长得更大、更强壮，以及让身体的各部分都能发育得像成年动物一样，小动物们需要吃东西。那些不能够自己获得食物的小动物们，就得依靠父母来喂食。哺乳动物的幼仔们会从母亲的身上吮吸富含营养物质的母乳。鸽子会利用它们吃的谷物来制造一种"奶液"，喂养小鸽子。但是，大多数的鸟儿从一开始就能吃固体食物。小鸟们的胃口就像无底洞，它们总是张着喙向父母要食物。小海鸟们吃父母反刍的食物，比如半消化的鱼，而幼雕则会被喂食肉条。

哺乳动物在刚出生后要依靠母乳来生存，当达到一定时期后，它们就必须断奶，并开始吃

你知道吗？

萎缩蛙

当小动物们长大后，它们的外表可能只会有一点变化（比如大猩猩），也可能会有很大的变化（比如蝴蝶，它们会由爬虫戏剧性地变成飞虫）。大多数的小动物会逐渐地长大，直到长到成年动物的大小。但是生活在南美热带地区的奇异多指节蟾（也叫萎缩蛙）则会随着成长而慢慢变小。这种蛙的蝌蚪可以长到25厘米长，远远比它以后要发育成的只有7.5厘米的成年蛙要大。

◁ 这头巨大的黑猩猩慈爱地抱着它的孩子。哺乳动物们会给予它们的后代大量关爱，并且会非常耐心地满足孩子们的各种要求。

▲　大多数的蝌蚪，都是在没有父母的保护和帮助下长大的。但是，这只秘鲁箭毒蛙母亲则是将它的小蝌蚪们背在自己的背上。

固体食物。小象每天大约能吃 10 升母乳。当它们七八岁大时，就要开始完全以植物为食了。食肉动物，比如猎狗，最初可能是吃半消化（被部分消化）的食物，之后，它们会逐渐食用活的或者刚刚被杀死的猎物。

清洁和学习

　　为自己的子女保持清洁也是成年动物们的一项职责。许多鸟类都会把子女的粪便从鸟巢中运走。它们会把这些粪便包裹在凝胶状的囊里，以便运送到远离鸟巢的垃圾存放处。

　　哺乳动物也会清洁自己的子女，它们会经常帮自己的子女把毛皮上的脏东西舔掉。尤其是猴子，它们会花费很长的时间来清洁自己的孩子，用它们灵巧的手指和牙齿来把小猴子身上的脏东西清理干净。这种行为不仅能保证小动物们的干净，而且还能加强父母与子女之间的亲密关系，帮助小动物们更好地与家庭或者群体中的其他成员融合在一起。

　　在父母监护下成长的小动物们，可以在相对安全的环境中，获得学习生存技能以及了解世界的机会。它们可以在不必冒太大风险的情况下，不断地尝试，甚至犯错。

狒狒的工作

这只狒狒在出生后的第一年里，体验了很多的成长经历。它逐渐地学会了如何在群体中获得自己的地位。

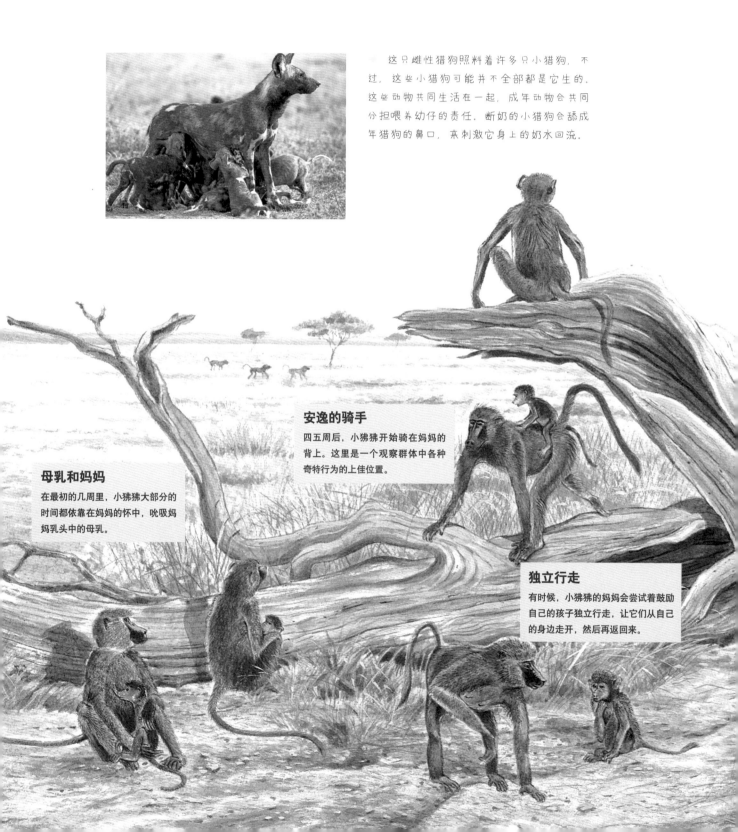

这只雌性猎狗照料着许多只小猎狗，不过，这些小猎狗可能并不全部都是它生的。这些动物共同生活在一起，成年动物会共同分担喂养幼仔的责任。断奶的小猎狗会舔成年猎狗的鼻口，来刺激它身上的奶水回流。

安逸的骑手

四五周后，小狒狒开始骑在妈妈的背上。这里是一个观察群体中各种奇特行为的上佳位置。

母乳和妈妈

在最初的几周里，小狒狒大部分的时间都依靠在妈妈的怀中，吮吸妈妈乳头中的母乳。

独立行走

有时候，小狒狒的妈妈会尝试着鼓励自己的孩子独立行走，让它们从自己的身边走开，然后再返回来。

小尖鼠

当一阵异样的沙沙声在树叶丛中响起时，一群小尖鼠迅速排列成一条线，并且冲向安全的地方。几乎没有视力的小尖鼠们互相连在一起，紧紧尾随在母亲身后。它们排成这条好像蛇一样的队形，可能会帮助它们避开捕食者。

梳理头发

相互清洁既可以加强群体成员之间的亲密关系，也可以清除彼此身上的寄生虫。小狒狒们通过帮助别的狒狒清洁以及被别的狒狒清洁，来学习如何社交。

嬉戏

稍大一些的小狒狒很吵闹，并且很喜欢玩耍和打闹。嬉戏是一种锻炼肌肉，促进协调性的方式。

保持安全距离

小狒狒们有时会通过很严酷的方式来学习。大型的、富有攻击性的雄性狒狒可能会威胁或者攻击小狒狒，以此来教它们学会尊重，并且了解自己在群体中的地位。

好奇的小动物们会通过不断地尝试以及犯错误，来了解周围世界中的很多事情。图中这对好奇的小狮子发现，对付一只乌龟是如此的困难。

小动物们可以通过观察来学习如何行动。当它们的父母寻找、追捕、猎杀食物，对付捕食者，以及与自己的同类和睦相处时，小动物们就在旁边观察并且学习着。有时候，它们的学习方式似乎更为直接。例如，一头猎豹可能会为它的孩子们提供一头活的小羚羊，这样，小猎豹们就可以学习如何对付活生生的猎物了。熟能生巧也适用于它们，黑猩猩在学习如何使用石头砸开坚果时，会跟随着自己的长辈。但是，如果它们不亲自多尝试几次，就不能掌握这种复杂的活动。

在小哺乳动物的发育过程中，玩耍对于它们也很重要。鹿会摇尾乞怜，羊羔会欢快地跳跃。大多数的食肉动物和灵长目动物都

幼年红尾鸳在开始它的首次飞行之前，会练习翅膀的动作。猛禽在首次飞行并提高飞行技巧后，通常还会在父母的身边逗留几个星期。

会花费大量的时间来玩耍，但是，其他动物却很少玩耍。跳跃、追逐、嬉戏、搏斗都能检测它们身体的协调性、锻炼肌肉，并使它们知道自身的缺点在哪里。玩耍还能教小动物们一些社交技巧，确立它们在群体中的地位。它可以被看作一种为了生存而进行的训练，成年哺乳动物的各种典型行为——打架、交配、捕猎，最初都是在玩耍的过程中被尝试的。

你知道吗？

辨认错误

对鸟儿们的父母们来说，它们没有办法不理睬那些大大张开的鸟喙。它们对那些张得大大的鸟喙的反应非常强烈，以至于这些父母们只能将食物大量地投入其中。

有时候，甚至会发生一些错误。人们曾经看到一只雌性的主红雀在喂食一条池塘中的鲤鱼。当这条鲤鱼浮上水面张嘴吸气时，这只主红雀没有办法不对这条鱼那大大张开的嘴做出反应。

▼ 母狮会用嘴叼起小狮子的后颈，将它带在身边。小鳄鱼可以在母亲的嘴里来回走动，穿山甲则骑在母亲的尾巴上，还有小袋鼠，它们会藏在母亲身上的"口袋"中。

和植物不同，动物无法将阳光转化成美味的食物，所以它们需要外出觅食。大多数动物在寻找食物时都要运动，所以，它们的身体必须有骨骼作为支撑，否则它们就只能漫无目的地扑腾。

骨骼使身体具有形状，如果有肌肉附着在骨骼上，身体就可以运动。骨骼还能保护体内敏感的器官，比如神经系统和心脏。

最早的拥有坚硬骨骼的动物是在大约 5 亿年前，在海洋里进化出来的。它们是最初的无脊椎动物（没有脊椎骨的动物）。接着，很快又出现了脊椎动物（长有脊椎骨的动物）。从那以后，动物们开始成长，它们不但适应了海里的生活，还适应了陆地和空中的生活。由于生活环境的改变，它们的身体也随之改变。今天的脊椎动物都有腿、鳍状肢或者翅膀，能够帮助它们四处移动，寻找食物、配偶和家园。

动物界有三种骨骼：内骨骼，这种骨骼和我们人类的骨骼一样，骨头是从身体内部提供支

骨的结构

所有的骨差不多都是同一种物质。它们要么是致密平滑的，要么是较轻的海绵结构（网状骨质）。骨中有三分之二都是无机物，其中包括碳酸钙和磷酸钙。另外三分之一是有机物，有机物使骨具有韧性和一定的弹性。图中右侧是哺乳动物疏松多孔的网状骨，内部充盈着骨髓，外面包裹着一层致密的骨质。图中左侧是一根鸟翅膀上的骨。鸟类的骨进化得非常适合飞翔。它们的骨是中空的，这样可以减轻重量，骨的内部是蜂窝结构，还有横向的支柱可以提供额外的强度。

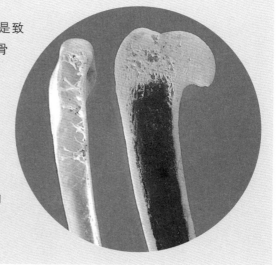

撑的；外骨骼，它从外部支撑动物的身体；流体静力学性骨骼，它依靠体液的压力赋予身体形状以及运动的能力。

流体静力学性骨骼

许多身体柔软的动物都具有流体静力学性骨骼。这种骨骼利用体液为动物的身体提供支撑。例如蛔虫，它们的身体器官都悬浮在体液当中，这些体液被两层肌肉包围着。由于液体不能被压缩，所以包围体液的身体就被撑起，形成一定的形状。拥有流体静力学性骨骼的动物，会通过按压附着在液体骨骼不同部位上的肌肉，来强迫身体伸展或收缩而进行运动。

这种骨骼支撑着动物的身体，并允许动物运动，但是它们无法提供太多的保护。我们很容易看到一条不幸的蚯蚓被一只饥饿的鸟儿从地下拖出来，或者被园丁无意中用铁锹砍成两半。

▲ 当这只路易斯安那州的小龙虾外出觅食时，它那坚硬的外骨骼，就像一套精良的盔甲。它头部、背部和尾节上交叠的外骨骼都非常坚硬。它身上唯一柔软的地方恐怕只有软一些的腿和头顶的触角了。

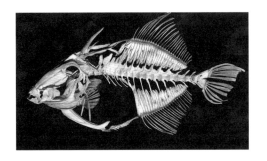

▲ 大多数鱼类都是流线型的，这样它们就能不费吹灰之力地在水中游动。这条炮弹鱼的骨骼清晰地显示出了一条硬骨鱼的结构。它有着大大的头骨和灵活的脊椎，脊椎和其他的骨骼接合在一起，支撑着放射状的尾鳍。在炮弹鱼受到大鱼的攻击时，它那位于头骨后面的背鳍鳍棘可以竖起来，并像楔子一样插进裂缝中，将炮弹鱼固定在那里。

大开眼界

强壮的骨骼

尽管西非的蓝鼹鼱身长只有15厘米，但是它们却能够支撑一个成年男人的重量。这种小型哺乳动物有着如此惊人的能力，要归功于它们那被加固了的脊柱。从椎骨开始互相连锁的骨架结构，赋予了它们巨大的强度以及抵抗碾压的能力。然而，蓝鼹鼱为什么会有这么强壮的脊椎骨，至今仍是一个谜。

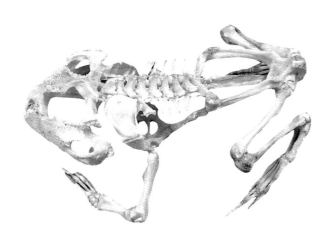

青蛙依靠它们那有力的后腿和长长的足趾之间的蹼在水中游泳。和其他的两栖动物一样，它们有着短而粗的肋骨，肋骨不能弯曲形成胸腔。它们没有颈椎骨，接合的脊椎骨以及形状奇特的骨盆，使青蛙看上去像驼背一样。

外骨骼

　　节肢动物在身体的外面"穿"着它们的骨骼（外骨骼），就像一套中世纪时的盔甲。这群动物包括昆虫、甲壳类动物（螃蟹和虾）、蛛形纲动物（蜘蛛和蝎子），以及千足虫和蜈蚣。

　　外骨骼是一种粗糙、坚硬的覆盖物，是由几丁质（糖的聚合体）和蛋白质构成的。肌肉附着在外骨骼的内层，从而赋予了身体运动的力量。外骨骼的关节纤细而且灵活，使动物的身体能够弯曲。

　　昆虫有着又薄又轻的外骨骼，额外的蛋白质使骨骼更加坚固，而且骨骼外覆盖着一层防水的蜡质。而螃蟹有着非常坚硬的外骨骼。大多数螃蟹都生活在海水中或者海洋附近，因此海水会承担骨骼的部分重量。钙盐加固了螃蟹那贝壳一样的外骨骼，而天然产生的油脂起着防水的作用。这种合成的骨骼是一座坚不可摧的堡垒，能够保护它的主人免受所有捕食者的伤害，除了像人类这样的最执着的猎人。

　　外骨骼的主要缺点是，动物会迅速地长大，而它的保护性外衣很快就不合适了。所以节肢动物必须长出新的外骨骼，以避免被挤压在旧有的外骨骼中。每次旧的外骨骼蜕掉，换成新的、更大的外骨骼时，动物都要为此耗费很多的能量。动物长得越大，合成新骨骼所需的能量和身体资源就越多。这就意味着节肢动物通常都不会长得特别大。

　　像蜘蛛和蚱蜢这样的昆虫，在发育为成虫的过程中要蜕好几次皮（蜕掉外骨骼）。成虫越大，蜕皮的次数就越多。蜘蛛在形成新的外骨骼时，会选择在一个安静而安全的地方休息。在这期间，新的外骨骼会尽可能地吸收旧的外骨骼，从而为蜘蛛节省体内的资源。新的外骨骼长成后，旧的外骨骼就会裂开，蜘蛛就从里面爬出来了。新的外骨骼最初比较柔软，所以蜘蛛会尽量舒展自己的身体，大摇大摆地四处走动，以便在外骨骼变得坚硬之前，尽可能地扩展自己的身体和腿脚。

内骨骼

　　哺乳动物、鱼类、两栖动物、鸟类和爬行动物都是长有内骨骼的脊椎动物。所有的脊椎动物都有脊柱，它们是由一块块的椎骨呈链状连接而成的。另外，它们体内还藏有头骨。生活在陆地上的最早的脊椎动物都长有四肢，每一肢的末端都有手或脚，上面长有五根手指或脚趾。从那以后，骨骼就开始根据动物的不同生活方式而朝不同的方向进化，但是许多动物仍然拥有四肢。

脊椎动物的四肢保留着最基本的长有五根手指的手，只是有些已经高度进化了。蝙蝠和鸟类的手变成了翅膀，鲸的前肢现在起着操纵舵的作用。有蹄哺乳动物脚上的趾骨数量减少了，从而减轻了骨骼的重量，使动物能够跑得更快。例如，马的每条腿上只有一个脚趾，而且被蹄甲包围着。

脊椎动物的头骨和脊柱支撑并保护着神经系统的核心——大脑和脊髓。在鱼类、爬行动物、鸟类和哺乳动物体内，肋骨会弯曲形成胸廓。胸廓保护着心脏、肺等内脏。四肢通过肱骨和髋骨与脊柱相连。

内骨骼会随着动物身体的成长而成长，直到动物成年。脊椎动物不必像外骨骼动物那样，为了长出新骨骼而丢弃旧的骨架。传递给骨骼的能量被用来使动物变得更大、更强壮、速度更快。椎骨被一层薄膜包裹着，这层骨膜可以长出新的骨质来。在骨骼受伤后，骨膜还可以帮助修复受损的骨质。

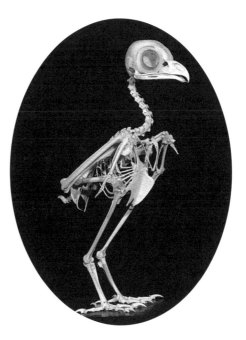

▲ 按身体的比例，鸟类的脖子大多比哺乳动物的脖子长。所以，当我们看到长脖子的灰林鸮以接近360°旋转头部时，不必感到奇怪。鸟类还有大大的胸骨，它们的翅膀肌肉就固定在胸骨上。

▲ 有一些哺乳动物，比如这头澳大利亚海狮的幼仔，在水中比在陆地上更为敏捷。它们的四肢（鳍状肢）上仍然长有"手指"，但是与鳍状肢的大小相比，"手指"显得太长了。强壮的后鳍状肢推动海狮在水中前进，同时，前鳍状肢用来"掌舵"。

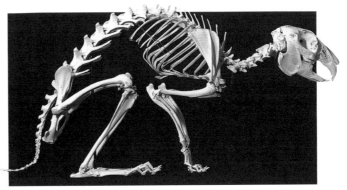

▲ 从这具兔子的骨架我们很容易看出，它们的后腿适合跳跃。后面的两只大脚，可以在兔子跳跃的时候提供很好的着陆平台。兔子的眼窝分别位于头骨的两侧，所以，它们的眼睛拥有宽阔的视野。

猎豹是为速度而生的动物。在所有的猫科动物中，它们的腿是最长的。它们的脑袋相对较小、较轻，脊椎无比灵活，所以当它们奔跑的时候，背部能够弯曲成完美的∪形。和其他的猫科动物一样，猎豹也是趾行动物，这意味着它们是用趾尖负重行走的。

伸展的脊柱

　　裸鼹鼠是一种社会性的哺乳动物，它们以大型的群体穴居在地下。和蜜蜂一样，它们也有一位"女王"，以及一只或两只负责繁殖的雄性。"女王"一开始繁殖，它的脊椎骨就会伸展，将身子拉长。这使它在频繁的怀孕期间，仍然能够在地下隧道中穿梭。

在短暂的交配季节里，雄性加拿大盘羊常常为争夺母羊而战。当它们以头相撞时，厚实的头盖骨能够保护它们的大脑免受伤害。盘羊是偶蹄目哺乳动物，它们能用最后一个趾关节负重行走。

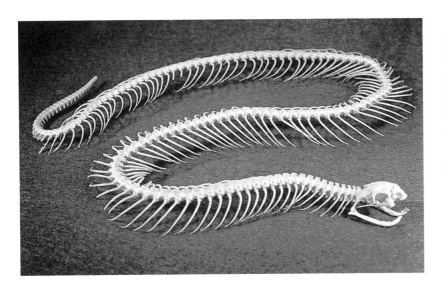

盾鼻蛇通过收缩并弯曲它们的脊柱和胸廓来在地面上滑动。今天的蛇可能是从穴居的、食肉的爬行动物进化而来的。经过漫长的岁月，它们逐渐失去了四肢，却进化出了一条由球窝关节连接的长长的脊柱。蛇还能把它们的颌骨张开很大。

与外骨骼相比，内骨骼与肌肉连接得更加紧密，这是通过骨膜实现的。这意味着，尽管大多数脊椎动物没有像盔甲一样的外衣作为保护，但是它们通常都能从捕食者的口中逃脱，而且极为迅速。

然而，并不是所有的脊椎动物都依靠速度来摆脱捕食者。蜥蜴进化出了一种奇异的骨骼防御机制。如果它们没能迅速逃走，被捕食者抓住了，它们就会切断自己的尾巴来逃脱，这种方式被称为自割。失去了尾巴的蜥蜴从而又获得了几秒钟的时间，可以从迷惑的、饥饿的攻击者眼前逃走。

大多数能够自割尾巴的蜥蜴的尾椎骨都有许多断尾点。这个部位的血管和神经都很细，所以尾巴脱落后，此处的血液循环会迅速停止。过一段时间，尾巴还会再生，但新尾巴是由软骨而不是硬骨构成的，而且不能再次自割。

肋突螈（一种蝾螈）也拥有奇异的骨骼，能使试图吃掉它们的攻击者大吃一惊。当肋突螈的身体受到挤压的时候，它们尖锐的、长长的肋骨就会经过一系列毒腺伸出体外，进入捕食者的口中。毒腺的分泌物以及尖锐的肋骨会使捕食者痛苦不堪，将嘴里的肋突螈掉在地上，这样肋突螈就可以趁机逃走。

动物的呼吸

我们都需要呼吸才能生存，其他的哺乳动物也是一样。动物都需要通过呼吸来获取生命所需的氧气。然而，昆虫是怎样呼吸的呢？细菌又是如何解决这个问题的呢？为什么我们都需要氧气呢？

所有生物都必须燃烧细胞中的某些特殊的"燃料"分子，比如葡萄糖，否则它们就无法成长、运动或者繁殖。对大多数生物来说，氧气是这一生命进程中至关重要的一环。就像我们需要空气中的氧气使木头燃烧一样，细胞也需要氧气来"燃烧"葡萄糖。

燃烧一块木头会产生二氧化碳，在细胞中燃烧葡萄糖也会产生二氧化碳。二氧化碳是代谢过程中产生的废物，细胞需要将它排出。生命体吸入氧气、排出二氧化碳的过程，被称为气体交换——在高等动物中，这就被称为呼吸。

▶ 牦牛能够长期生活在高海拔地区，事实上，除人类外，牦牛比其他任何大型哺乳动物所能耐受的海拔都要高。它们的心脏和肺都很大，在高海拔地带，可以提高心跳和呼吸速率。居住在高海拔地区的人们血液中的携氧血红蛋白含量比正常人高 30%。

氧气的扩散

最简单的单细胞生物不需要复杂的机制来吸收并输送氧气。在原核生物（细菌）和原生生物（比如变形虫和引起疟疾的单细胞寄生虫）中，氧气会通过细胞膜或者细胞壁扩散，并溶解到里面的细胞液中，而二氧化碳则沿着相反的方向扩散出来。

植物也是通过扩散来吸收氧气的。有些植物具有用来呼吸的小孔（称为气孔），氧气从气孔进入叶片或者茎干内，并从这里扩散到植物的每一个细胞。气孔还可以通过控制蒸腾作用来帮助减少水分散失，当植物缺水的时候，气孔就会关闭。简单的多细胞动物，比如海绵（这种生物看起来很像植物，但其实是动物），也依靠扩散的方式来呼吸，只不过它们呼吸的是溶解在海水中的氧气。

▲ 蜉蝣的稚虫会在水中度过生命的第一个年头，它们用羽状鳃从水中获取氧气。稚虫要蜕几次皮，才能变为成虫。成虫通过身上的气门在空气中呼吸。

▲ 鸟类通过肺和位于身体不同部位的气囊进行呼吸。这种特殊的呼吸系统允许它们在高空中飞翔。鸟类在一次呼吸中获取的氧气比任何哺乳动物都要多。

获取空气

不同动物的呼吸方式是各不相同的。呼吸的目的就是要从周围的空气和水中，获取足够多的氧气。

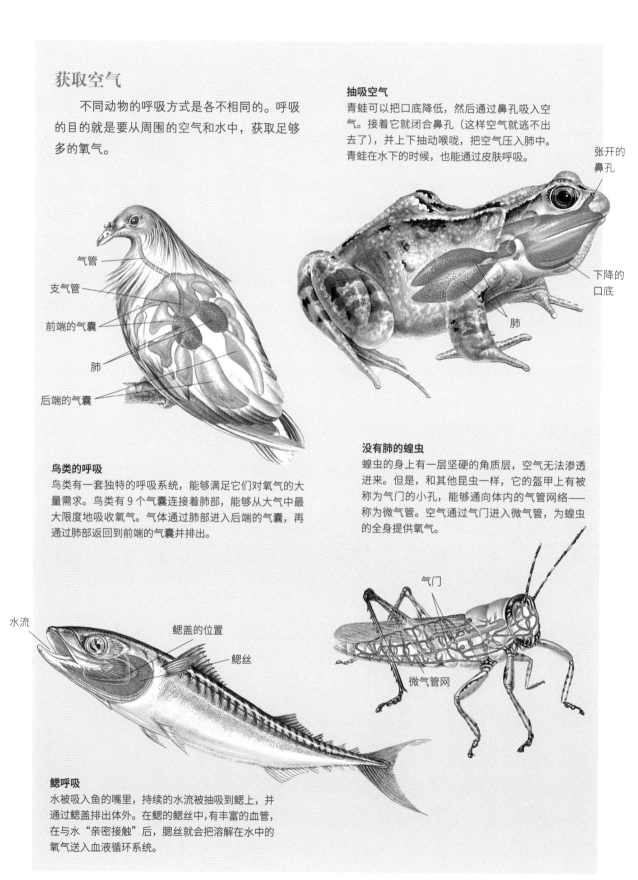

抽吸空气

青蛙可以把口底降低，然后通过鼻孔吸入空气。接着它就闭合鼻孔（这样空气就逃不出去了），并上下抽动喉咙，把空气压入肺中。青蛙在水下的时候，也能通过皮肤呼吸。

张开的鼻孔

下降的口底

肺

气管

支气管

前端的气囊

肺

后端的气囊

鸟类的呼吸

鸟类有一套独特的呼吸系统，能够满足它们对氧气的大量需求。鸟类有 9 个气囊连接着肺部，能够从大气中最大限度地吸收氧气。气体通过肺部进入后端的气囊，再通过肺部返回到前端的气囊并排出。

没有肺的蝗虫

蝗虫的身上有一层坚硬的角质层，空气无法渗透进来。但是，和其他昆虫一样，它的盔甲上有被称为气门的小孔，能够通向体内的气管网络——称为微气管。空气通过气门进入微气管，为蝗虫的全身提供氧气。

气门

微气管网

水流

鳃盖的位置

鳃丝

鳃呼吸

水被吸入鱼的嘴里，持续的水流被抽吸到鳃上，并通过鳃盖排出体外。在鳃的鳃丝中，有丰富的血管，在与水"亲密接触"后，腮丝就会把溶解在水中的氧气送入血液循环系统。

生物的气体传输系统

生物越复杂，它们的细胞就会距离体表越远，这些细胞距离氧气资源（空气或水）也就更远。扩散是一个缓慢的过程，所以生物们需要一些别的方式来加速氧气从外界进入内部细胞的速度，以及废气从细胞排出体外的速度。

解决之道在于，生物们拥有一套传输系统，能够携带气体出入细胞。像吻虫这样的简单动物是用扩散的方式，通过皮肤与外界交换空气，然后再由含有特殊体液（血液）的管道将氧气运送到身体组织中。血液中的呼吸色素（主要是血红蛋白），能够从空气或者水中吸收氧气，并将其释放到身体组织之中。二氧化碳会直接溶解到血液中，并由细胞运送回皮肤。

盔甲的问题

节肢动物，比如昆虫，会遇到一些特殊的问题。它们那由几丁质构成的不透气的外骨骼阻止了它们通过皮肤吸收氧气。因此，它们身上的盔甲中有一些小孔，被称为气门。这些气门连着一些狭窄的管道，称为气管，气管不断分支，形成遍布全身的微气管，里面充满体液。氧气会溶解在体液中，并直接进入内部器官，不需要血液循环之类的传输系统。

有一些气管的末端连接着肌肉中有弹性的气囊。当昆虫使用肌肉时，气囊就会受到挤压。这会促进空气流动，在最需要的时刻增强气体交换。

在冬眠的时候，像刺猬这样的动物可以使心跳的速率下降，从每分钟200～300次下降到每分钟10～20次。同时，它们的体温也会大幅降低，呼吸也会减慢下来，从每分钟100～200次，减为每分钟4次。

蜘蛛的书肺是进化了的鳃，上面有很多的褶皱。血液会流经这些褶皱，空气也在褶皱之间流通，于是气体就在血液和空气之间进行了交换。但是，蜘蛛并没有一个能够提高空气流通的专门的呼吸机制。

对于那些大型的、复杂的动物，上述的呼吸方式都不能为它们迅速提供足够的氧气。于是这些动物都进化出了特殊的身体结构，能够帮助它们迅速地完成气体交换。其中最有效的两种呼吸结构是，在水下呼吸的鳃和在地上呼吸空气的肺。

水下呼吸的动物

鳃使很多水生动物能够将溶解在水中的氧气吸收进体内。鳃有几种结构，从一些蝾螈羽状的外鳃，到鱼类那紧密的、受到保护的内鳃。不过，所有的鳃都有一些共同特征。

所有的鳃都能持续浸泡在水中，它们含有许多管壁很薄的血管，氧气就是首先扩散到这些血管中的。氧气一旦进入血流中，就会被携带到全身各处。

这种呼吸机制非常有效，因为鳃具有广泛的分支，能够大面积地与水接触，从而迅速吸收氧气。水的不断流动可以为水生动物提供新鲜的氧气。有一些动物，比如海星和一些甲壳类动物，长有被称为纤毛的细小毛发，纤毛会持续摆动，从而促进水的流动。

硬骨鱼利用一种被称为鳃盖的特殊骨片持续不断地将水抽吸到鳃上。软骨鱼，比如鲨鱼和

▲ 过去，大多数人都认为，鲸喷出的水雾是它呼出来的潮湿温暖的气体遇到冷空气形成的。但是后来的研究发现，这种水雾是由黏液组成的，鲸可能是在用这种方式排出吸入体内的空气中的氮气。

▲ 大多数螃蟹都有像手指一样的羽状鳃，羽状鳃可以从流经蟹壳的水中吸收氧气。有一些生活在陆地的螃蟹，比如图中的这只，能够爬树并呼吸空气。它们已经完全适应了陆地上的生活，以至于丧失了游泳技能。如果将它们置于水中很长一段时间，它们还可能会淹死。

鳐鱼，没有鳃盖用来"抽水"。因此，有些软骨鱼会直接将水吞咽进体内，另一些则通过身上的喷水孔把氧气吸入体内，还有一些软骨鱼会快速游动，迫使水流通过它们的鳃。

来自空气中的氧气

　　肺能够为大象和鲸这样的大型动物提供足够的氧气。简单地说，肺是两个囊，里面布满血管。空气在肺中进进出出，氧气也随之进入。血液中的血红蛋白（通常位于特殊的红色血细胞内以发挥更大的效率）会与氧气结合，并把氧气运送到全身的各个器官中。

　　在哺乳动物中，气管分成了两条支气管，分别连接着左肺和右肺。在肺中，它们继续分支，形成了更小的支气管。所有的支气管都被一圈软骨加固，防止它们在持续的呼吸运动中破裂。支气管继续分支，形成细小的细支气管，最后成为肺泡——这是一种极小的气囊，气体交换就是在这里发生的。在人类的肺中，有7亿多个肺泡。肺泡壁只有一层细胞，并被毛细血管包围着。氧气溶解在肺泡中的液体里，而薄薄的肺泡壁允许氧气迅速扩散到血液之中。

　　哺乳动物在呼吸的时候，会使用肋间肌和横膈

大开眼界

它们在吹气

　　鲸在进化过程中，它们的鼻孔从口鼻部的末端向后转移到了头盖骨的顶部，从而形成了一个喷水孔。这是一个巨大的进步，这样鲸不必把整个头部抬出水面就可以呼吸。喷水孔是鲸唯一的呼吸通道（不同种类的鲸有一个或两个喷水孔）。鲸的喉不像其他动物一样在嘴的后部开口，这使得它们可以在游泳的时候张嘴吞咽食物，而不必担心食物或者水呛入气管。

不停潜水

所有的海豹都必须浮出水面来呼吸空气，而且它们经常会从冰面上的呼吸孔钻出来。在再次潜入水中之前，海豹会先把肺里的空气清空，以防氮气气泡进入血液。海豹血液中的血红蛋白含量极为丰富，这意味着血液中可以储存大量的氧气，可供它在水中潜游一个多小时。

当海豹开始潜水时，它们会呼气，而且它们的脾脏会释放出将近 24 升红细胞，从而使血液能够携带更多的氧气。同时，它们的心跳速率会剧烈下降，而血液只用来供给重要器官，如大脑、眼睛和肾上腺等。

膜（把胸腔和腹腔分隔开的一层柔韧的肌肉壁）。横膈膜是隆起的，当肌肉收缩时，它会下降，使胸腔的压力减小，将空气吸入肺中。同时，肋间肌会向上推动肋骨，增加胸腔容积，以便吸入更多的空气。呼气的程序与吸气过程正好相反。

大多数的哺乳动物差不多都以同样的方式呼吸，但其他动物有着与哺乳动物截然不同的呼吸方式。青蛙的肺部周围没有肌肉，所以它们必须吞咽空气。青蛙的肺只有轻微的褶皱，但是相对高等的脊椎动物（比如爬行动物和鸟类）的肺部有着越来越多的褶皱和分支，从而提供了更大的表面积，使动物能够吸收更多的氧气。

在所有的陆生哺乳动物中，猎豹的奔跑速度是最快的。它们的奔跑速度能够达到 113 千米/时，不过只能持续很短一段时间。所以，如果猎豹不能在 100 米以内抓住猎物的话，它们就只能放弃了。一段奔跑过后，它们需要半个多小时才能恢复体力。

动物的大脑

在寒冷的冬天，日本短尾猴为了躲避大雪，会在温泉里泡上几小时；海葵为了诱捕食物，比如美味的小虾，会刺向任何一个碰到它的物体。这些动物的行为都由它们的神经系统控制着。

每一种生物和周围的环境都是相互影响的。动物能够感觉到身边环境的变化，并相应地调节自己的行为和新陈代谢。例如，结构简单的单细胞原生动物，会向新出现的光源移动；而结构复杂的多细胞动物，比如刺猬，当冬天来临的时候会把自己紧紧地蜷缩成一个球，然后冬眠。这些动物的行为，尤其是结构最简单的动物的行为，都受一种被称为"神经系统"的细胞网络控制。

神经系统

简单神经系统，比如水螅的神经系统，是由相互联系的呈网状结构的神经细胞（神经元）构成的。每个神经元就像是一棵微型的树，有枝、有根、有茎。当一个神经元的根与另一个神经元的枝相连时，信息便以电脉冲的方式通过神经网传播。

一些比较复杂的动物，它们的神经元以链状方式连接成神经。神经由三种类型的神经元组成：感觉神经元、运动神经元和中间神经元。感觉神经元从感觉器官那里收集信息；中间神经元对搜集到的信息进行处理；运动神经元执行处理后的信息，将其发送给动物的肌肉。当许多神经彼此交连在一起时，便形成了神经簇（神经节）。大多

▲ 这些日本短尾猴看上去十分喜欢泡温泉。自从它们在群山之中发现了热气腾腾的火山池后，就意识到再也不用迁移到温暖的矮山坡上过冬了。

无脊椎动物的神经系统

　　无脊椎动物有原始的神经系统，这种神经系统由大量的神经中枢组成，有时候也包括比较小的脑。从这只蝗虫身上我们可以看到，神经索贯穿了它的整个身体，在每一个神经索的节点上都有一个神经中枢。蝗虫的大脑极小，但仍然可以处理从眼睛和触角传来的信息。

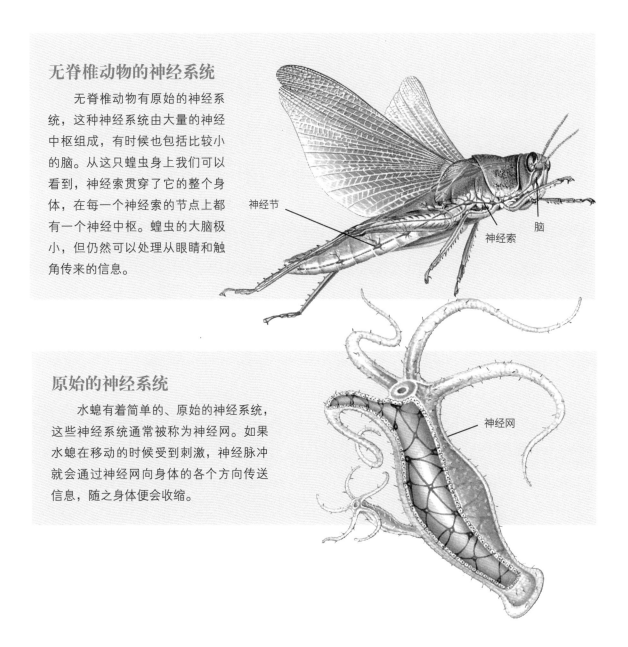

神经节
脑
神经索

原始的神经系统

　　水螅有着简单的、原始的神经系统，这些神经系统通常被称为神经网。如果水螅在移动的时候受到刺激，神经脉冲就会通过神经网向身体的各个方向传送信息，随之身体便会收缩。

神经网

数中间神经元在这里处理那些从感觉神经元传来的信息，然后再把适当的反馈信息传递给运动神经元。

　　一些动物有中央神经核，这些中央神经核连接起来形成神经索。在脊椎动物中，神经索贯穿脊椎，并一直延伸到大脑。这些动物的一些身体机能，比如呼吸、消化和心跳等，都由大脑或神经索下意识地控制着；更为复杂的行为，比如突袭猎物、逃避捕食者等，都被大脑有意识地控制着。

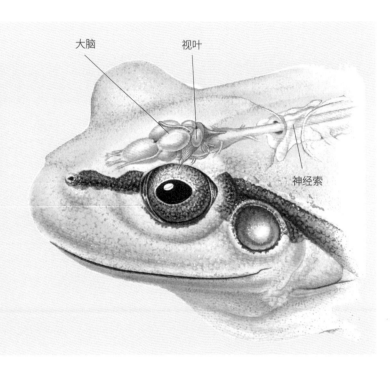

大脑　　　视叶

神经索

中枢神经系统

　　脊椎动物的神经系统都集中在一起，由相对较大的脑控制。两栖动物，比如蛙，这种脊椎动物的脑仅仅比鱼脑稍复杂一些。视觉对于蛙而言非常重要，所以它们长有专门处理视觉信息的视叶，且相当发达。

大脑

　　当动物以正常的速度移动时，它们总是先将身体的后半部分向头的方向运动。大多数脊椎动物的感觉器官，比如眼睛、耳朵和鼻子，都长在头部，这样，它们可以时刻监控周围的环境。连接传感器的神经形成了神经中枢。脊椎动物和一些无脊椎动物都有扩大的神经中枢，这些神经中枢合并在一起形成脑。

　　动物的脑由三部分组成：大脑、小脑和延髓。每一部分都有其独特的功能，例如大脑中被称为顶盖的部分，能够处理视觉神经（与眼睛相连接的神经）传递的信息。鸟类的顶盖发育得很好，但是，在它们的脑中与嗅觉神经相联系的区域却相当小。这是因为嗅觉能力对于它们的高空生活来说，并不如地面生活那么重要。

　　进化程度较高的哺乳动物，比如，灵长类动物

▲　就像《森林王子》中的莫格利告诉你的那样，永远不要信任任何一条蛇。蛇的脑相当小，如果有人一直盯着它看，它就会发起攻击。

你知道吗？

聪明的无脊椎动物

　　鱿鱼和章鱼都是最聪明的无脊椎动物。它们的视觉很敏锐，可以很好地控制自己的行动，这使它们成为效率极高的捕食者和优秀的逃跑艺术家。

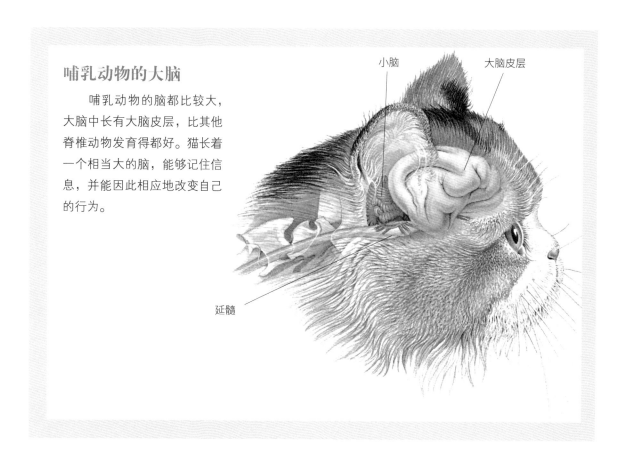

哺乳动物的大脑

哺乳动物的脑都比较大，大脑中长有大脑皮层，比其他脊椎动物发育得都好。猫长着一个相当大的脑，能够记住信息，并能因此相应地改变自己的行为。

小脑

大脑皮层

延髓

和海豚，它们会储存信息（记忆），并能利用这些信息做出比较复杂的、聪明的行为。它们还能从自己的行为中学到"东西"。即使是那些个头较小、智商较低的动物，比如蜜蜂，也能学习一些简单的事情：它们总是把蜂巢筑在好的蜜源附近。

脑大并不意味着智商高。只有把动物的脑与它们的身体相比较后，才能知道它们智商的高低。抹香鲸的脑是所有动物中最大的（大约重 10 千克），但是相对于它的身体而言，它的脑却很"小"。

与自己的身体相比，蛇的脑也很小，而猫的脑却比较大。猫能够获取新的信息，并从中学到东西。当猫想要吃食的时候，猫的主人能够借机教会猫摇铃铛。一些猫还会在进门之前按门铃，甚至知道怎样使用门把手。

动物的视觉

高高飞翔在天上的金雕能看见兔子在 2 千米以外的草地上移动。但是，在距离蛇 1 米远的地方，如果一只青蛙能够勇敢地站立不动，蛇就看不见它。

对大多数动物来说，视觉是一项非常重要的官能，它能迅速地为动物们提供有关周围环境的信息。除了最简单的动物，所有的动物都能通过聚集在眼睛里的一组光感细胞来察觉光线。动物眼睛的形状、大小和构造，取决于它们的生活环境和生活习性。

例如，招潮蟹的眼睛像潜望镜一样，能够伸出沙地，侦察外面是否有捕食者，确认安全后，身体的其他部分才会从藏身处爬出来。扇贝在外壳的边缘上，等距离地分布着许多小眼睛。蜗牛和海螺的眼睛长在触角的末端，而海星的眼睛则长在足上。

捕食者和被捕食者

动物眼睛的生长位置主要依赖于它们的行为方式。捕食动物的眼睛通常长在头部的前面，这样两只眼睛产生的映像就可以重叠，产生双目视觉。像猎豹这样的哺乳动物，眼睛就长在头的前面，可以将来自两只眼睛的映像组合成一个三维映像。这使得它们具有良好的深度知觉，令它们都擅长判断距离。所以，猎豹知道什么时候可以扑向一只试图逃跑的瞪羚，什么时候应该放弃对猎物的追捕。

被捕食动物的眼睛通常长在头部的两侧，以便能够持续保持对捕食者的警觉。眼睛生长在这个位置的动物具有广阔的视野，能看见更多东西。例如，野兔的眼睛就生长在头部两侧，它们几乎能够看见自己周围 360° 范围内的所有事物，比我们人类 140° 的视野宽度要大得多。但这种视觉的缺陷是，两只眼睛的图像只有很少一部分能够重叠，所以兔子很难判断距离和大小。

蛇却是这一规则的一个例外。它们是肉食动物（捕食者），但是它们的眼睛却长在头部的两侧。这可能是因为，它们是从穴居的蜥蜴进化而来的，而穴居动物的眼睛通常都长在头部的两侧。

　　不同种类的蛇，视力也不同。但是大多数蛇的视力都比蜥蜴的差，而且它们的双目视野十分狭窄。蛇的眼睛很难聚焦在一个固定的物体上，所以，如果它们正在追捕的猎物突然停下来静止不动，它们就经常会"视而不见"地从猎物身边滑过。藤蛇通过把眼睛直直地盯向前方，同时收缩鼻孔，来提高自己的双目视力，不然它们可能早就饿死了。要知道，它们的猎物，像蜥蜴和青蛙，都很会伪装，而且经常会保持静止不动。

　　鱼的眼睛也长在头部的两侧，这是因为它们的身体呈流线型。而且它们也经常是大鱼的捕食对象，所以为了自我保护，它们需要宽广的视角。

看见色彩

　　要想看见色彩，动物的眼睛里就必须有能够分辨不同光波长度的光感受器（光感细胞）。像哺乳动物、鸟类、爬行动物和两栖动物这样的陆地脊椎动物，具有两种光感受器：圆锥细胞和杆状细胞。它们能够探测到光线，并将光线转化成电信号，然后由视神经传导至大脑。圆锥细胞能利用色素来感知色彩和精确的细节，但它们只有在明亮的光线中才能正常工作。而杆状细胞使得我们在微弱的光线中也能看见物体，以及物体的大小变化，但杆状细胞只能看到黑、白两种颜色。

在夜里，夜行性动物菲律宾眼镜猴的瞳孔几乎完全占据了它们大大的眼睛，这样才能让尽可能多的光线进入眼睛。这双眼睛太大了，以至于它们无法在眼窝里自由转动。但幸运的是，和猫头鹰一样，眼镜猴的脖子十分灵活，可以使脑袋扭转将近360°。

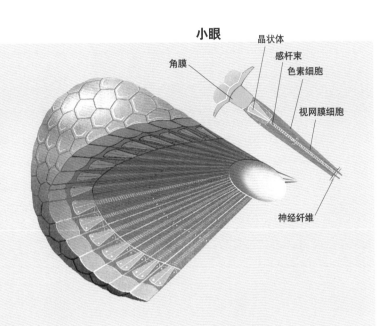

小眼

角膜　晶状体　感杆束　色素细胞　视网膜细胞　神经纤维

复眼

　　昆虫的眼睛是由许多微小的单位（称作小眼）构成的，小眼呈半球状排列。每个小眼都有一片角膜、一个晶状体和一个被视网膜细胞围绕的光敏感的感杆束，感杆束能够把图像传输到大脑中。

视网膜
视神经

晶状体
角膜
虹膜
水样液
睫状肌
玻璃液

章鱼的眼睛

　　章鱼等头足类动物的眼睛，对无脊椎动物来说非同寻常。它们的眼睛与我们人类的眼睛结构非常类似。其他无脊椎动物都长着固定的聚焦晶状体，而头足类动物却通过收缩睫状肌进行近距离聚焦，并通过改变眼球的内部压力，使眼球向前鼓起，进行远距离聚焦。

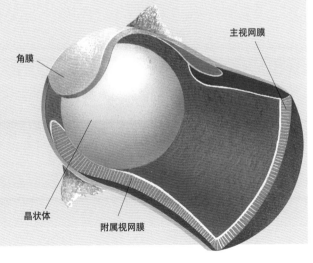

主视网膜
角膜
晶状体
附属视网膜

深海鱼的眼睛

　　深海鱼的眼睛呈管状，就像猫头鹰的眼睛一样。它们有大大的瞳孔，以便在黑暗的水里能让尽可能多的光线进入眼睛。它们有一个主视网膜，用来看近距离的物体，还有一个附属视网膜，用来看远处的物体。在所有活着的生物中，它们的视网膜是最敏感的。

图中这只苍蝇看上去就像戴了一副环绕着条纹的太阳镜，但实际上那是它们的眼睛。每只眼睛都是由数千只微小的单眼（被叫作小眼）组成的，这使得苍蝇拥有将近360°的开阔视野，因此它们在近距离时视力出众。

你知道吗？

空中侦察

鸟类的视力比我们人类的视力好得多。扁平的眼睛使它们能够在全部视野内很好地聚焦。而且和哺乳动物不同，它们眼睛里的光感受器所收集到的大部分信息，都能被传送到大脑。

白天活动的脊椎动物（昼行性动物），在眼睛的中心部位生有大量的圆锥细胞，在眼睛的边缘部位混合分布着圆锥细胞和杆状细胞。所以，和我们一样，它们能够在白天看见清晰的彩色图像，在夜晚看见模糊的黑白图像。蜥蜴是一种昼行性动物，它们具有良好的彩色视觉，并且经常在求爱仪式中使用色彩。在交配季节，非洲鬣蜥的头部和躯干会变成橘红色，四肢会变成亮蓝色。

昆虫和甲壳类动物都具有复眼，复眼是由许多被称为小眼的单眼组成的。这些小眼呈半球状分布，视野范围很广。每只小眼都有自己的角膜、晶状体和传输光线的感光区（感杆束）。感杆束中含有色素，能够产生彩色视觉。昆虫在特定的电磁波段具有良好的彩色视觉。许多鲜花和昆虫在色彩的基础上建立了长期的伙伴关系。例如，大黄蜂总是会被小花勿忘我的黄色和蓝色所吸引。

昆虫还能看见人眼可见光谱之外的色彩。毛地黄（也称洋地黄）的管状花朵会向外发射花蜜"向导"，比如一些光线，但是只有能看见紫外光的昆虫才能看见这些光线。同样，雄性和雌性的豆粉蝶在我们看来毫无差别，但是在紫外光下，它们的颜色和身上的标记都截然不同。

紫外光的波长比可见光短，位于可见光谱的短波端，而可见光谱的另一端是波长较长的红外光。有些蛇类，像巨蟒和响尾蛇，能够通过面部的"凹点"感受到红外线，这些"凹点"通常长在嘴部附近。即使在漆黑的夜晚，这些"凹点"也可以像针孔相机一样工作，使蛇类能够感知物体的形状和距离。但是，无毒的蛇类就没有这么幸运了，它们没有红外线感受"凹点"，而且它们的眼睛里只有圆锥细胞，所以在黑暗中完全是瞎的。

△ 图中这只突眼蝇头上的眼柄末端长着一对复眼。在交配季节，雄性会摆好阵势互相比试，眼柄最长的那只雄性苍蝇将赢得雌性。

△ 小蜗牛栖息在母亲的背上，好奇地注视着周围的一切。与此同时，母亲正在用一只触角上的眼睛留神自己的孩子，用另一只触角上的眼睛防备着捕食者。

夜间视觉

　　光明和黑暗并不是完全分离的两种状态，它们只是我们自己的视觉感受。在我们看来一片漆黑的环境，对于夜行性动物来说，可能只是光线暗淡而已。由于眼睛的构造，夜行性动物在夜间四处活动的时候能够看见周围的物体。眼睛构造和我们相似的动物（陆地脊椎动物、蜘蛛、一些昆虫的幼虫和头足类动物），含有的杆状细胞比圆锥细胞多，从而提高了夜视的能力，它们在黑暗中也能看见物体，但是看不见物体的色彩。同时，这些动物也有更大的瞳孔，能让更多的光线进入眼睛。

　　为了在弱光中使用，猫头鹰的眼睛经过了高度的改良。比起头部的其余部分，猫头鹰的眼睛所占比例非常大——雕鸮的眼睛比人的眼睛还要大。仓鸮的眼睛是管状的，能够将图像聚焦在视网膜的光感受器上。与球状眼睛相比，这种眼睛给瞳孔和晶状体留出了更多的空间，同时也意味着能让更多的光线进入眼睛。这种眼睛唯一

△ 狼蛛并不是织好网静候猎物送上门来，而是外出觅食，所以它们非常依赖自己的8只眼睛。长在前面的4只小眼睛负责探测猎物的运动，其余4只负责提供更多的细节。

像鳄鱼一样，图中这些四眼鱼的眼睛也可以探出水面。四眼鱼的每只眼睛都有两片视网膜和两片虹膜，其中一片朝上，另一片朝下，所以它们可以一边觅食一边留神捕食者。

如果昆虫溜进了图中这种变色龙的视野，它们就很难逃出这张血盆大口。虽然包括变色龙在内的蜥蜴们的眼睛上都覆盖着一层保护性皮肤，但是它们却可以同时注视两个方向。

在摄影师的闪光灯下，光线从视网膜后面的一层镜面组织（称作照膜）上反射回来，使这头美洲豹的眼睛呈现出金色的光芒。狗、猫、鱼、蟾蜍、蛇、啮齿动物和鹿的眼睛里都有照膜，可以提高它们的夜间视力。

的缺陷就是它们不能在眼窝里自由转动，所以，为了看见东西，猫头鹰必须扭转自己的头部。

在海洋深处光亮和黑暗的轮番交替中，许多鱼类的眼睛都进化得和猫头鹰的眼睛很相似。这些鱼类的眼睛也是管状的，以便收集到尽可能多的光线。与夜晚陆地上来自月亮和星辰的微弱的反射光线不同，海洋深处的光线是由发光鱼类自己的身体发出来的。

靠近海洋表面的鱼类的眼睛，也有和猫头鹰的眼睛相似的特征。在白天，一层色素会覆盖住敏感的视网膜，把从瞳孔进入的光线过滤掉一部分。还有一些在白天也出来活动的夜行动物，可以把瞳孔缩成一条缝，来保护它们的视网膜，因为这样就不需要太多的肌肉力量来闭合瞳孔。在白天捉老鼠的猫，晒太阳的鳄鱼，都要依靠线状的瞳孔。青蛙和蟾蜍的瞳孔在睁着（扩张）的时候是圆形的，但是在闭合的时候，就变成了心形、梨形、卵形或者环形，具体形状依物种而定。

你知道吗？

蛇的眼镜

动物对眼睛表层的保护方式各不相同。鲸分泌脂肪，在眼睛表面形成一个绝缘层。鸟类有瞬膜，在飞行的时候帮助眼睛防止沙尘。深海鱼类的眼睛上面生有一层皮肤膜片，能够保护视网膜免受强光的伤害。蛇的眼睛上覆盖着一层清晰的皮肤，旧的皮肤脱落后会被新的皮肤所替代。有时候，脱落的皮肤被粘在眼睛上，于是新的皮肤长出来后，就会形成一个不透明的圆圈，这就是蛇的眼镜。

动物的听力和平衡

　　即使在远处，更格卢鼠也能听见蛇的鳞片在地上刮擦的声音，从而可以及时逃避这位饥饿的爬行者。相反，章鱼的水中世界却寂静无声，因为它们没有耳朵。

　　动物倾听的方式有很多种，有些动物的听觉器官长在膝盖上，有些动物的听觉器官遍布腿，有些动物的听觉器官藏在脑中。耳朵能够将声波（气压波）转换成微弱的电脉冲，再通过神经传递给大脑。

　　动物能听见各种声音。例如，非洲牛蛙和我们人类一样，也能听见从大象腹腔里发出的

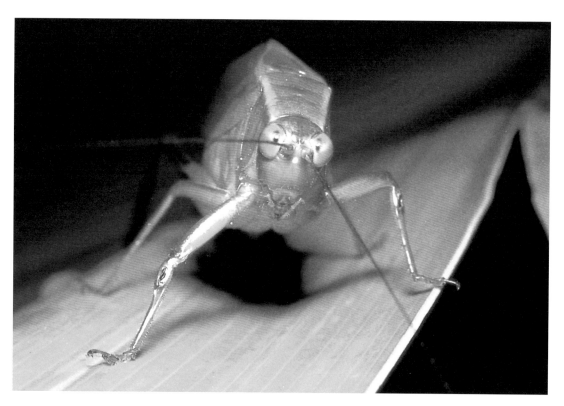

▲　这只相貌丑陋的丛蟋正通过膝盖下的耳朵，聆听同伴的叫声。它的耳朵结构简单，每只耳朵都有一对被皮翼（鼓膜）封闭着的气穴。

接收声音

动物的种类不同，它们能听到的声音的频率也不同，这取决于耳朵的复杂性和敏感性。

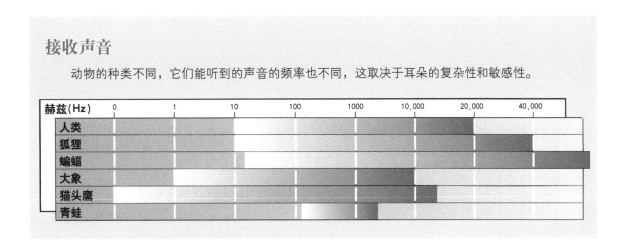

赫兹(Hz)	0	1	10	100	1000	10,000	20,000	40,000
人类								
狐狸								
蝙蝠								
大象								
猫头鹰								
青蛙								

"隆隆"声，还能听见非洲假吸血蝠在暗黑的夜里觅食甲虫时发出的尖叫声。

夜里，夜行动物依赖听觉寻找食物，躲避天敌。黑田鼠在地下搜寻食物时，会发出微弱的"沙沙"声，但是，当饥饿的仓鸮从头顶飞过时，即使在漆黑的夜里它们也并不安全。哺乳动物和鸟儿都利用声音进行交流。例如，鸟在飞行中会发出一种特殊的声音，从而使自己和同伴能够紧紧相随。它们还用歌声吸引配偶、捍卫领地，当危险接近时会发出警告声。

安静的生活

听力对于我们十分重要。但是在动物王国里，大约一半的动物都是聋的。在无脊椎动物中，只有甲壳动物、蜘蛛和一些昆虫才具有听力。昆虫没有耳朵，但是在它们的腿上、触须上和口器上，都有发育良好的化学感应器。这些化学感应器能帮助它们探测到空气中的化学物质，找到配偶和食物。

不过，有一些昆虫，例如蚱蜢和蝗虫，则利用声音来吸引配偶。这些昆虫有着结构简单、像鼓一样的耳朵，耳朵上薄薄的表皮（外骨骼）由气囊支撑，并被对运动极为敏感的神经（本体感受器）环绕着。受到声波撞击时，表皮会振动，来自附近本体感受器的神经脉冲就被传送到大脑。

耳朵的结构

鸟和哺乳动物，如兔子、狐狸、老鼠，耳朵的结构都比较复杂。它们的耳朵由三部分构成：外耳、中耳和内耳。外耳探测声波，并将声波传送到中耳。声音到达中耳的耳膜后，就会

如果藏在天敌的视野之外，大多数动物都认为自己是安全的。但是昆虫和小型啮齿动物必须保持安静，才能避免成为大耳狐的猎物。大耳狐的耳朵像雷达一样，异常敏感。它们甚至能够探测到正在粪球上进食的甲虫的卵。

田鼠利用敏锐的听力寻找在地下挖洞的虫子。和其他鸟一样，它们能听见声音的快速变化，而这些声音有时甚至连人都会疏忽。尽管它们的听力结构与人相似，听力器官甚至比人类的还小。

被小骨放大。在小骨的振动下，耳膜中的液体流入内耳。随后，耳蜗和半圆形耳道中的毛细胞在内耳的振动下，产生神经冲动并传递给大脑，大脑将神经冲动"翻译"成声音。

平衡作用

生物学家相信，脊椎动物的耳朵最初是作为平衡器官发育而来的，而不是为了接收声音。在身体移动时，内耳中的半圆形耳道能定位方向，这能帮助动物保持平衡。来自眼睛和身体肌肉中的本体感受器的信息，也有助于平衡。

虽然陆地爬行动物的听力都很弱，但它们仍然拥有良好的平衡感。纳米比亚蜥蜴生活在气温高达

40℃的沙漠中。为了让身体凉爽，小蜥蜴就用两条腿保持平衡，把另两条腿抬起来，从而减少身体与滚烫的沙地的接触时间。山羊，例如加拿大盘羊，当它们在北美陡峭的落基山脉的悬崖岩层上跳跃时，也展示出了很好的平衡感。

大开眼界

鲸的声音

鲸的声音有很多用途。相距很远的长须鲸利用歌声来保持联络；抹香鲸利用声音击败猎物。尽管抹香鲸最喜欢的猎物——鱿鱼没有耳朵，但也能被它那巨大的声音震晕。蓝鲸的声音可能是最嘈杂的——它的咆哮声甚至比飞机起飞时的噪声还大。

▶ 当猫沿着篱笆慢慢爬行时，它依靠内耳中的半圆形耳道保持平衡，并且它要把身体尽可能放低，这样才能够保持平衡。

动物的触觉和痛觉

几年前，人们发现，生活在苏格兰海岸边的海豹尽管看不见，但却过着一种快乐的生活。那么，它们是如何觅食、游泳，而又不会碰撞到岩石的呢？

海豹依赖自己的触觉，尤其依赖于敏感的口鼻部位处的须毛传来的信息，这些须毛能探测到在它们附近游动的鱼儿。触觉和痛觉是动物生存中的两种最重要的感觉。这两种感觉能帮助动物寻找食物，安全地移动，互相交流，并且能够对任何危险迅速做出反应。

遍布动物体表皮肤的感觉系统监控它们身体内部环境和外部环境的变化。像原生动物草履虫这样的简单动物，都有能够用来"感觉"其他物体的感觉探测器，并能促使动物朝着与物体相反的方向自动离开。更多的高等动物是有意识或下意识地利用像计算机一样的神经系统，来处理触觉与痛觉信息。

当一种动物触碰到东西时，皮肤上的细小神经末梢（神经传感器）就能探测到压力，并把

就像手是人类的感觉器官一样，象鼻也是大象的感觉器官。象鼻很敏感，能帮助大象探测周围的环境，并帮助大象进行交流。大象用象鼻触碰另一头大象的嘴，就是在打招呼，它在问："你好！"

在交配季节，这种小的雄性花园蜘蛛必须小心翼翼地接近雌性。它通过蛛网上的丝线把信息传递给雌性蜘蛛，雌性蜘蛛通过自己敏感的脚，感觉这些信息，并由此决定是友善地接受雄性蜘蛛，还是攻击它。

信息传递给大脑。触觉感受器遍布全身，但它们倾向于集中起来探索环境。例如昆虫，它们大多数感受器都集中在脚上和触须上的细小的感觉毛周围。它们坚硬的外骨骼上通常都没有感觉接收器。

在高等动物中，当某处机体组织可能受伤后，皮肤中的感觉器官能探测到痛觉，比如热感受器和压力感受器。疼痛迫使动物迅速反应，或者自动通过某种反射行为来面对危险。如果一只猫跳到厨房中的热陶瓷架上，它会自动跳离。反射行为迫使这只猫离开，甚至在它有意识地感受到疼痛之前。

不过，为了让动物不会第二次犯同样的错误，对疼痛有意识的感觉是必要的。例如，当一头小羊遇到一对正在筑巢的石鹬时，它那好奇的天性会令它靠近鸟蛋。然而，当鸟儿在小羊的鼻子上用力啄了几下后，就能很快打消小羊"研究"鸟蛋的念头。到了成年期，羊会忽视石鹬，当它们在田野里遇上这种鸟时，甚至会朝另一个方向移动，避免接触石鹬。

当疼痛发生在没有反射行为的身体部位时，如胃部，就会起一种警报作用。黑猩猩病了后，会去吃一种特定的药草；如果狗儿们吃的食物使它们不舒服，就会去吃草。这些行为都不是反射行为，而是大脑听到身体发出

你知道吗？

内部的管道

鱼儿靠鱼腹线来感觉退潮和水的流动。鱼腹线是鱼体内皮肤下的一条管道，纵贯鱼的全身。水通过细小的毛孔进入管道，管道中的感受器就能感觉到水流运动的不同方向。

的警报后导致的一种行为。

与饥饿的剧痛进行斗争

为了生存，动物必须吃东西。空空的胃会发出短暂的疼痛信号——这是一种来自饥饿的痛苦——并把这种信号传递给大脑，警告大脑身体需要营养了。寻找食物时，动物更多地依靠自己的感觉。

对于很多夜行动物，触觉是一种很重要的感觉。例如鼹鼠，依靠头部周围或者背部的感觉毛来获得感觉。有时候，它们依靠自己的尾尖，在寻找虫子时，它们能把尾巴举起来探测隧道的顶端。不过，并不仅仅只有夜行动物才依赖触觉。蜘蛛腿上也有很多感觉

每天，鼹鼠必须吃下相当于它们自身体重的虫子才能生存。这种鼻子像星星一样的鼹鼠拥有最基本的虫子探测器。当它在地上挖隧道时，能用自己那敏感的、有触须的鼻子探测到土里的虫子。

灰海豹以鱼、软体动物和甲壳动物为食，它们在沿海河口处或者海湾里抓获猎物。它们的口鼻上和眉毛处有长长的感觉毛，如果水很黑暗的话，这些感觉毛能帮它们感觉到食物。

豪猪拥有像针刺一样的防卫机制，能使遭到攻击的其他动物感到痛苦不堪。尽管狮子正在快乐地咀嚼，但很显然，这些尖锐的、可以分离的刚毛根本无法使它获得想要的结果。

毛，它们利用这些感觉毛探测蛛网上的动静。浮躁的昆虫会使蛛网振动，根据触觉，蜘蛛可以判断其他昆虫在蛛网上的确切位置。

亲密的交流

动物也用触觉互相交流。黑猩猩出生后，妈妈会带着它四处走动。当它长大后，妈妈就会鼓励自己的孩子离开，独自探险。最初，小黑猩猩会很伤心，会哭闹，要妈妈舒服的抚摸，但是过了一段时间后，它就能够学着如何靠自己的力量生存了。

在狼群中，狼通过触觉宣告自己的地位。如果一头居统治地位的头狼感到自己在狼群中的社会地位受到威胁，它就会把爪子放到一条较弱小的狼的背上。这种碰触，与强烈的对视联系在一起，通常能够威胁并迫使较弱的一方投降。

动物的味觉和嗅觉

当一群大灰狼在白雪皑皑的山上慢跑时，它们的每一个感官都充满警惕。它们的眼睛四处搜寻；它们的耳朵竖立着。最重要的是，它们的鼻子不停地嗅着空气中猎物的味道。忽然，狼群的首领停下来，尾巴开始左右摇摆，狼群变得兴奋起来——大约2000米外的地方，有驼鹿和小驼鹿。

和其他动物一样，狼群也生活在嗅觉的世界中。只需要迅速闻一闻，它们就能知道谁在附近，什么动物前一天到过这个地方，什么动物正躲藏在灌木丛中。

动物根据气味寻找食物，并通过品尝确定食物是否安全。在它们视线不及的地方，可以依靠气味追踪目标。它们把催情（性）的气味作为一种广告，用来为自己寻找配偶。有时，它们会留下一些气味向同类传达信息，这些气味能存留好几天。

和狗一样，河马也会组成紧密的团体。它们会舔"家"中的成员，把自己的气味留在它们身上，以此来延续与同伴的关系。太阳落山后，赞比亚卢旺瓜山谷中的空气变凉，成群的河马涉水而出，四处觅食。一些河马妈妈会为孩子建起"托儿所"。当母亲们坐在沙地上时，小河马

海星是海洋中的食腐动物。它们主要以双壳动物、腹足动物和螃蟹为食。但是，如果它们皮肤上的化学物质接收器探测到了附近的腐肉，它们就会冲过去大吃一顿。

大多数鸟的嗅觉能力都很弱，鼻孔像管道一样的海燕却是例外。它们利用自己的嗅觉寻找漂浮在海上的腐肉。在交配时节里，它们能在黑暗的夜晚通过嗅觉找到巢穴。

就会四处游荡，嗅来嗅去的，并在成年河马的身上舔，以此强化它们的社会关系。

"品尝"空气

食蚁兽会在地上嗅来嗅去，搜寻蚁巢。它们的鼻子如此敏感，以至于它们能够区分下颚巨大的蚂蚁和它们最喜欢的食物——下颚较小的木蚁。

新西兰的几维鸟用长长的鸟喙在地下寻找食物，它们的鸟喙就像鼻子。这种奇特的鸟不会飞，但它们有灵敏的嗅觉——鸟喙末端有鼻孔。大多数鸟的嗅觉都不灵敏，主要依赖良好的视力。它们的嗅觉器官总是和嘴里的味觉器官联系在一起，用来探测变质或错误的食物。例如在城里，鸽子有时会吃下烟蒂，因为它们认为那是食物，但几秒钟后，它们就会把烟蒂扔掉，并意识到自己犯了错误。在这个案例中，食物的味道——尼古丁，经过鸽子嘴里上方的一条细小通道到达鼻腔。只有把两种信息联系起来，鸽子才能判断出口中的烟蒂不是"食物"。

哺乳动物味觉器官集中在嘴里，主要在舌头上。食草动物嘴里的味觉接收器最多，并且对气味非常敏感。因此它们吃东西前，能够检查每种植物的毒性。低等脊椎动物，比如鱼和两栖动物，全身都有味觉器官。

在水中，味觉和嗅觉并没有太大区别。与味觉器官相比，嗅觉器官（接收器）能探测到少量化学物质，所以，嗅觉器官主要用于远距离目标，味觉器官主要用于近距离目标。

昆虫的化学物质接收器主要在腿上、触角上，有时在口器上。漂亮的红色蝴蝶足上的接收器，相当于我们的味觉器官，而它们触角上的接收器相当于我们的嗅觉器官。

臭气和味道

　　在动物的鼻道中，位于上皮细胞层中的细小的嗅觉接收器，据说能"追踪"特定的化学物质。一般来说，鼻子中的嗅觉接收器越多，能够被探测到的化学物质也就越多。在大多数高等脊椎动物中，味觉接收器集中在舌头上，比如鸟和哺乳动物。味觉接收器不像嗅觉接收器那么灵敏。在四种主要的味觉接收器（甜味、酸味、咸味和辣味）中，每一种接收器都能探测到很多化学物质。

嗅一嗅空气
当空气通过这头大灰狼的鼻甲骨时，会变得又暖又潮湿。空气到达鼻腔中的上皮细胞层后，嗅觉接收器就会探测到空气中的化学物质，同时，嗅觉接收器又把信息传递给大脑。

上皮细胞层

鼻甲骨

寻找"爱情"

　　所有动物都用气味吸引配偶。在交配时节，许多动物都会散发出强烈的荷尔蒙气味（被称为信息素），以此来宣告自己正处于交配期。乌龟在求爱时，从它们身上一种特殊的臭腺中，会渗出一种气味浓烈的液体，它们会把这种液体涂抹在自己的前腿上。准伴侣嗅到这股气味后，就能判断出乌龟的性别、年龄、健康状况，以及"社会地位"。如果所有的条件都令它们满意，它们就会交配。

　　有很多有蹄动物，如鹿、马，当它们准备交配时，会在雌性的生殖器上又嗅又舔。每次舔完，雄性会抬起头和卷唇。人们相信，动物的这种行为可以把不易挥发的化学物质传递到犁鼻

向上嗅

当大西洋中的大马哈鱼要产卵时，它们就会从海洋返回到自己曾经被孵出来的河流中。每一条河水的支流都有自己的"气味"。据说大马哈鱼就是通过"追踪"这种河流的气味，逆流而上，从而返回自己的家乡。

▲ 雌性帝王蛾会从腹部尖端的臭腺中发出一种气味，以此来吸引配偶。在几千米以外的雄性帝王蛾，会通过长长的、像羽毛一样的触角，探测到这种气味。如果感兴趣的话，它们就会顺着风向追踪这股气味，找到雌性帝王蛾。

▲ 这匹普氏野马的爱情还是一件悬而未决的事情。它的面部扭曲着，卷唇上卷，它要把母马的气味尽可能多地传递到犁鼻器中。

▲ 在交配时节里，青蛙大量聚集在池塘中繁殖。交配前，这些青蛙通常会长距离"旅行"。最初，它们通过嗅着空气中的气味寻找道路；随后，它们通过追随从池塘中传来的其他青蛙的沙哑的声音，来找到自己的道路。

器中。犁鼻器是邻近鼻子的最基本的嗅觉器官。

当雄性刺猬选择好伴侣后，会在雌性刺猬多刺的背上舔，这时，雌性的气味会到达雄性的犁鼻器，雄性变得兴奋，同时口中产生泡沫。在交配前，它会将泡沫涂抹在自己的双肩上，并把能够催情的物质喷射在雌性身上，帮助雌性进入交配状态。

昆虫最擅长表达自己的欲望。在交配飞行中，蜂后喷射出来的信息素如此强烈，以至于雄蜂有时为了能够和它交配，会飞 3000 米远的路程。

气味的踪迹

昆虫会追踪气味寻找食物和配偶。"奥斯曼"树熊猴是一种夜行的灵长类动物，它们懒散、行动缓慢，偶尔会利用自己的追踪能力吃一顿美餐。它们白天在树上消磨时光的时候，就有可能吃上一顿"免费"午餐。这种树熊猴的生殖器很臭，不但能吸引不同的求婚者，也能吸引昆虫。此时，树懒熊只需要抓住困惑的猎物将它们吃下。其他夜行动物也依靠气味在黑暗中行

额外的鼻子

蛇和爬行动物，比如这只伯罗奔尼撒半岛的壁蜥蜴，嘴里的舌头会进进出出地伸展，似乎在"品尝"空气。飘浮在空气中的气味微粒会到达它们的犁鼻器。犁鼻器经过通道和嘴相连。犁鼻器中的嗅觉器官又直接与大脑相连。

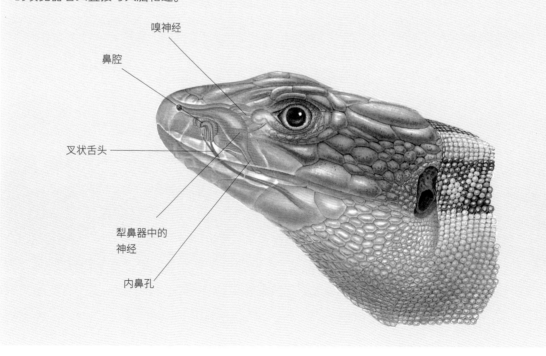

嗅神经

鼻腔

叉状舌头

犁鼻器中的
神经

内鼻孔

动。但是，它们并非追踪其他动物的气味，而是跟随自己的气味踪迹。獾通常把尿液作为踪迹，就像狗用尿液标记自己的领地一样。通过这些味道，它们就能在黑暗中为自己画出一条前进路线。

侏羚是一种小羚羊，生活在非洲草原上。它们的视力很弱，主要依赖灵敏的嗅觉生存。吃草时，它们互相追踪对方的气味聚在一起，这些气味是从它们膝盖和脚上的腺体中分泌出来的。刚出生的还没有防御能力的侏羚会被舔得很干净，母亲会把幼仔身上所有可能吸引天敌的气味都舔掉。清除了这些气味后，小侏羚就有足够的时间学习行走，而不会被四处觅食的狮子发现。

用气味划分的界限

獾、鹿、狗和土狼等动物都用有刺激性的气味标记自己的领地，从而让生活在附近的其他动物知道，如果跨越了这些界线，就会犯下"入侵罪"。

◀ 如果你曾经在真实生活中看到这一幕景象，那就赶快跑吧。臭鼬举起尾巴时，通常是在警告捕食者离远一点儿。如果捕食者坚持不撤退，它的肛门臭腺就会分泌出一种臭液，并朝着捕食者喷洒。

大开眼界

逃命的气味

人类通常用气味来改变动物的行为。园丁用樟脑球和香油来阻止猫把花床弄坏。在1994年的挪威冬季奥运会上，人们把人工合成的狼尿洒在山路上，防止麋鹿碰撞汽车。一旦嗅到狼的气息，麋鹿就会转身，另外寻找一个更为安全的地方进食。

　　猎豹和猫科家族中的其他成员，会把尿液喷洒在高高的树上、岩石或者灌木上，用气味来标记自己的领地，这样就能为领地的所有权留下清晰的记号。

　　狐猴和跗猴的领地边界是用脚步标记的。它们把少量尿液揉擦在自己的每只足上，在它们走过的每一个地方都能留下气味。当两只雄性狐猴为领地争吵时，它们就会互相冲着对方散发臭气，并靠这种方式解决问题。在争斗中，它们的尾巴会在前臂的臭腺上摩擦，然后，装载了"弹药"的尾巴就会从背上向前弯曲，互相把自己的臭味"投射"给对方。臭气最多、"投射"臭气的技巧最好的狐猴获胜，并占有领地。

动物的肌肉和运动

当动物们飞翔、游动、爬行、奔跑和跳跃的时候，是肌肉赋予了它们力量。肌肉还能帮助它们把食物送到肠胃和排泄系统，并维持心脏的跳动和血液的流动。肌肉是动物身体的基本组成部分。

所有的动物在某个生命阶段，都会拥有从一个地方移动到另一个地方的能力。许多动物都要依靠运动才能生存下来，如果没有运动，它们就无法找到食物，无法进行交配、迁徙，甚至无法逃脱天敌的攻击。然而，也有一些动物仅在幼虫阶段比较活跃，然后它们会蜕变成固着动物，从而失去运动的能力。例如，海鞘幼体是一种细小的像蝌蚪一样的动物，能够随着洋流游动很远的距离，直到定居在一个安全而隐蔽的地方，蜕变成不能移动的成体。

几乎所有动物的运动都是通过肌肉中的蛋白质进行的，当有 ATP（三磷酸腺苷）提供能量的时候，肌肉就可以收缩。大多数收缩系统都是由两种蛋白质构成的，它们是肌动蛋白和肌球蛋白。在动物的三种基本运动类型——变形运动、纤毛运动和肌肉运动中，都要用到这两种蛋白质。

在水中游动

原始的变形虫和其他一些原生动物在变形运动中，都会使用肌动蛋白和肌球蛋白来改变形状。它们从身体的不同部位伸出伪足，再使身体的其余部分进入伪足中，从而向前移动。如果要移动得更远，它们就要不断重复这个步骤。这些单细胞生物的最快运动速度是20毫米/时——它们的生活节奏实在太慢了！

很多种类的原生动物会进行纤毛运动，比如生活在淡水池塘中的以腐烂有机物为食的草履虫。它们身上的每一根毛发都是一根纤毛，其中含有肌动蛋白和肌球蛋白收缩系统。当这些蛋白质被赋予了能量后，纤毛就会左右摇动，就像小狗摇尾巴那样。草履虫就是通过这种方式在水中前进的。

▲ 这头猎豹如此强壮，它能够把一头比自己
还要重的羚羊拖到树上，以避免地面上的鬣狗
前来抢食。在树上，猎豹可以先安静地打个盹
儿，然后再吃掉自己的猎物。

肌肉运动

　　肌肉运动是高级动物，尤其是脊椎动物的主要运动方式。单个的肌细胞，或称肌纤维，排列成束状或者片状。脊椎动物的肌肉有三种类型：平滑肌、心肌和骨骼肌。平滑肌包围着动物体内中空的器官，如肠道、呼吸道和血管。它们通过缓慢的收缩，推动物体（食物、气体或血液）穿过这些中空的管道。这种收缩是由自主神经系统控制的，也就是说，它们是不受意识控制的。

　　自主神经系统也控制着心肌搏动的速率。心肌是丝状的、收缩速率很快的肌肉。心肌是心脏的动力提供者，它们负责把血液和氧气输送到全身各处。

你知道吗？

黑斑羚

　　当有天敌接近时，黑斑羚会做出一系列像体操一样漂亮的跳跃动作。有时候，它们一跳能跳 2.5 米高、10 米远。科学家们认为这种奇特的动作是一种展示，黑斑羚是在向捕食者证明自己的强壮。它们似乎在通过这种方式对捕食者说："我这么强壮，你要抓住我可不容易！"

　　◀ 工蚁一生都在寻找食物，并把食物带回拥挤的巢中。它们惊人的强壮，能够举起比自身重量重很多倍的食物。

在交配季节里，雄性驼鹿会通过与另一头雄性进行一对一的竞争，来表现自己的力量，以赢得雌性驼鹿的青睐。那些肩部和颈部肌肉强健有力的驼鹿往往是获胜者。

当这只无尾猩猩在树上觅食果实和嫩芽的时候，它可以优雅地穿梭在树枝间。它那长长的双臂非常强健，它那善于抓握的脚就像手一样灵活。但是在地面上，猩猩会用四肢笨拙地行走，有时候它们还会直立行走，用手臂来保持平衡。

速度与耐力

在发动全速攻击的时候，猎豹的身体在一个步幅中要两次完全离开地面。猎豹腿上强健的白肌赋予了它们强大的爆发力，在短距离内，它们速度惊人。而斑马在疾驰时，在每一个步幅中身体仅完全离开地面一次。它们的最高速度只有猎豹的三分之二，但是它们使用的是腿上的红肌，因此它们能比猎豹奔跑更长的距离。

猎豹

斑马

　　鸟类有着非常高效的心肌，能够在飞行的时候为翅膀提供充足的氧气。大多数鸟的心脏都比同等大小的哺乳动物的心脏更大、更有力量。例如，麻雀的心脏差不多比同样大小的老鼠的心脏重 3 倍。候鸟的心肌更加强劲有力。棕煌蜂鸟每年都会从墨西哥迁徙数千千米的路程到达美国阿拉斯加，为了完成长距离的迁徙，它们的心肌异常强健，在飞行中，它们的心脏每分钟能跳 1000 多次。

　　脊椎动物的另外一种肌肉类型是骨骼肌。这种肌肉控制着奔跑、咀嚼、呼吸、行走、游泳之类的运动。它们和心肌一样，也是丝状的，能够快速收缩。肌纤维排列成束状附着在骨骼上。一般来说，骨骼肌可以分为两种类型：一种需要氧气才能工作，另一种不需要氧气就能工作。大多数哺乳动物的每一组肌肉群中都同时含有这两种肌纤维。需氧肌（红肌）可以长时间进行缓慢、小幅度的肌肉收缩运动，而无氧肌（白肌）则提供短暂的、有爆发力的收缩运动。那些通过伪装躲避天敌的动物会使用红肌长时间保持同一个姿势，而那些依靠速度和敏捷性逃脱天敌的动物，则使用有力的、反应迅速的白肌快速逃窜。鱼类的红肌群和白肌群是分开的。金枪鱼在水中通过一组红肌保持固定的姿势平稳地游动，如果需要提高游泳速度，它们就会动用白肌群。

千奇百怪的运动方式

　　动物们还可以通过其他方式使用肌肉进行运动。蚯蚓通过不断伸缩身体进行移动，乌贼通过从体内的小孔向外喷水推动自己前进。然而，有些动物会节省体力，搭"顺风车"从一个地方移动到另一个地方。在温暖的天气里，钱蛛会爬上草茎或者树枝顶端，迎风而立。然后，它们会踮起脚尖，让腹部对着天空，吐出一根飘在风中的蛛丝。当蛛丝的拉力足够大的时候，蜘

蜿蜒前行

　　生活在地面上的大型蛇类会在地面上蜿蜒行进，但它们前进的方向是径直向前的。它们通过移动腹部的肋骨和鳞片进行抓握。巴西彩虹蟒是一种非常擅长爬行的蛇，它们通过直线运动的方式前进。为了移动得更快，很多蛇的身体会呈波浪形摆动，同时，它们的鳞片会紧附地面。这种运动方式被称为蛇形运动。

　　在狭窄的隧道或者洞穴中，粗鳞响尾蛇通过伸缩运动移动——这是一种更夸张的蛇形运动。这种蛇把身体蜷缩成一个楔形，紧贴着隧道内壁钻进去，同时奋力向前伸展。还有些蛇类生活在热带沙漠中或者其他流动性的地面上。生活在沙地上的锯鳞蝰蛇通过侧向运动应付不稳定的沙质地面。它们会在朝前移动的同时朝侧面移动。

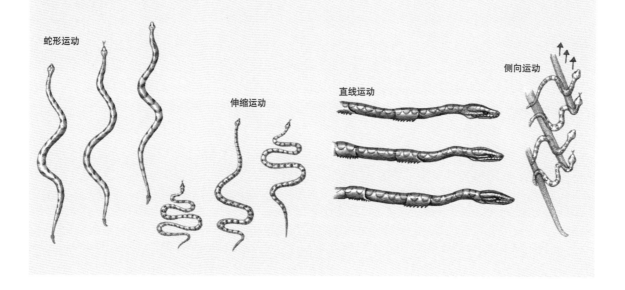

蛇形运动　　　　　　　　　伸缩运动　　　　　直线运动　　　　　　侧向运动

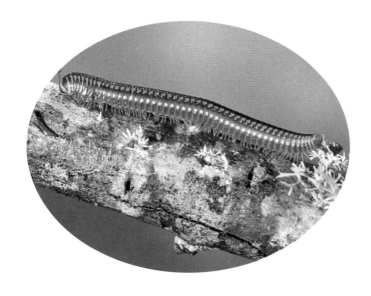

　　你一定猜想，千足虫在走路时会绊到自己的脚——它们的脚实在太多了！这些挖洞为穴的多足纲动物的每一个体节上都有一对脚，在搜寻食物的时候，它们那圆滚滚的身体和短短的腿，能够帮助它们像推土机一样在落叶和土壤中钻出一条通道。

蜘就可以起飞了，就像人们乘坐热气球一样。蜘蛛移动的距离取决于气流，它们可能只移动数百米，也可能旅行几千千米。

随风飘荡几乎不需要耗费什么体力。蜘蛛聪明地利用了温暖气团的能量，而不是浪费自身的能量。在大海里，有一些小蜗牛也运用相似的技巧，它们由自己制造出来的黏液牵引着，在洋流中漂流。还有一些动物会附着在大型动物身上旅行。例如一些拟蝎会夹住苍蝇或者其他飞虫的腿，随着它们飞行。当拟蝎到达目的地时，它们就自动降落下来。当苍蝇和小蜘蛛在垂直表面爬行时，它们似乎违背了重力法则。这是因为它们的身体太轻了，重力对它们的微弱作用远远小于它们自身的抓握能力。

▲ 鲨鱼是一种游速极快、身体呈流线型的捕食者。它们有力的尾鳍能够推动庞大的身体以 80 千米／时的速度前进，它们双颚的咬力能达到 3 吨／厘米²。

◀ 当这只花莹起飞的时候，它体内纵向的飞行肌就会不断伸缩，赋予翅膀强大的力量，使翅膀快速扇动。

大型动物就没有这么幸运了。一些动物在垂直表面爬行的时候，会通过降低身体的重心来节省力气。地松鼠就是通过长长的身子和短短的四肢来实现这一点的。像蛛猴和负鼠这样的动物则长着灵活的、善于抓握的长尾巴，这条尾巴就像它们的第五肢一样，能够帮助它们攀爬。在收获季节里，田鼠要利用自己那善于抓握的尾巴爬上成熟的麦穗，并在麦浪中移动。

在吃草的时候，袋鼠会采用缓慢的小幅步伐，这时它们会把后腿悬在空中，用尾巴和两条前腿走路。但是，如果需要快速前进，它们就会用强壮有力的后腿大幅跳跃。然而，并不是只有大型动物才有强壮的肌肉。蚱蜢和青蛙也是跳跃专家，小小的跳蚤更是跳跃高手，它们那强健的肌肉能把自己弹跳到等同于自己身高 130 倍的高度——这就相当于一个成年人轻松地跳上一座 220 米高的大厦。

动物的皮肤和毛

一些动物的皮肤生在体表，就像一层保护性的外衣，能防止微生物、有害化学物质和过量光线的伤害。另一些动物的皮肤则生长在坚硬的外骨骼下面。但不论生长在哪里，动物的皮肤都是它们赖以生存的重要器官。

皮肤保护着动物的体内器官免受外界的伤害。它同时也是一种感觉器官，把与动物周围环境有关的信息传递给大脑。而且根据动物种类的不同，皮肤上还会相应地生有毛发、羽毛、指甲、鳞片、色素，以及各种黏性分泌物。

无脊椎动物的皮肤通常是由一层表皮细胞构成的。脊椎动物的皮肤则有两层，外层是表皮，内层是真皮。在表皮层和真皮层里有分泌腺、毛囊、神经末梢，以及用来感受温度、压力、疼痛和触觉的感受器。

▶ 在通常意义上，变色龙是一种根据自身状态和周围环境改变皮肤颜色的小型蜥蜴。图中这条约翰逊变色龙由于正在蜕下一块块难看的旧皮，因此感到有点不舒服。

这只挂在嫩枝上的树蛙看上去摇摇欲坠的，但是它并没有掉下去的危险，因为它四肢趾尖的皮肤上都长着有黏性的胶质吸盘。

水母的皮肤

普通海星的表皮是由黏液腺、感受器和细小的蛇形纤毛细胞组成的，外面覆盖着护膜。纤毛细胞会不停地来回蠕动，把皮肤表面的垃圾和寄生虫清扫出去，偶尔还能杀死一些小动物，如试图寄生在这种行动缓慢的无脊椎动物身上的藤壶幼虫。

节肢动物坚硬的外骨骼（护膜）是由表皮的分泌物构成的。肌肉与外骨骼相连，从而使鹿角虫这样的节肢动物看起来就像穿了一件具有保护功能的、可以活动的盔甲。然而，随着节肢动物渐渐长大，这层外骨骼在它们身上就会慢慢变紧。无机盐会从外骨骼退回到肌体组织中，表皮上的腺体会利用这些无机盐分泌出一层新的外骨骼，其他腺体则分泌出一种酶帮助消化掉旧外骨骼的内层。一旦新的外骨骼展露出来，皮肤里的另一组腺体就会分泌出一层像水泥一样的物质，将外骨骼加固。

攻击的武器——毒液

脊椎动物身上的皮肤会随着身体同步生长。例如，鱼身上的鳞片会随着鱼的成熟，每年略微长大一些。大多数鱼类身上，都有一层由表皮和真皮里的腺体分泌出来的黏液。通常，这些黏液的作用是保护鱼鳞。然而，七彩神仙鱼的分泌物却为它们的后代提供了营养丰富的食物，小鱼以此为生，就像刚出生的哺乳动物吮吸从母亲的乳腺分泌出的乳汁一样。

两栖动物的表皮，尤其是青蛙，也覆盖着腺体分泌物，黏稠而湿滑。许多种类的青蛙和蟾

蟾体内的腺体十分发达，能够产生毒素。例如，巨大的蔗蟾蜍（也叫海蟾蜍）每只眼睛的后面，都长有疣子一样的毒腺。如果这种蟾蜍受到捕食者的攻击，从它们的皮肤斑点上就会渗出一种乳白色的毒液。在生命受到威胁的情况下，成年蟾蜍能够向不留神的捕食者射出一股毒液。

从鳞片到羽毛

和两栖动物不同，大多数爬行动物的皮肤十分干燥，没有分泌腺。但是沙蜥蜴和普通蜥蜴却是例外。在它们的大腿表皮下长有股腺，形成了一种蜡质的粗糙物质。这些腺体在蜥蜴的交配季节里尤为活跃。人们相信，在蜥蜴交配的时候，身上的分泌物能帮助它们彼此粘连在一起。

爬行动物通过防水的鳞片防止体内水分从皮肤中散失，它们的鳞片上覆盖着一层角蛋白，也就是组成毛发、指甲和羽毛的那种物质。这些连续交叠的鳞片都有真皮细胞核，外面覆盖着一层起保护作用的表皮层。老化的、受损伤的细胞会被有规律地替换掉。蛇通常会一次性地蜕下整张皮，而蜥蜴蜕下的皮肤呈大块不规则状。

人们相信，羽毛是从爬行动物的鳞片进化而来的，为鸟类提供了一层温暖的隔离层，后来又帮助它们飞行。鸟类腿部和脚部的皮肤上，仍然覆盖着与爬行动物类似的由表皮构成的鳞片。鸟类薄薄的、松弛的皮肤也是干燥的，就像爬行动物的皮肤一样。而它们身上唯一的腺体就是生在鸟尾基部的尾脂腺，它能分泌出一种防水的油性物质，鸟儿会用这种物质来梳理自己的羽毛。

△ 这只毛蛾子有一种对昆虫来说非同寻常的能力。它能使自己的体温高于周围环境的温度。一般来说，只有鸟类和哺乳动物才有这种恒温能力。但是，由于腿上和身体上厚厚的、具有隔离作用的毛，毛蛾子在运动中产生的热量，大部分都被保存在了体内。

△ 三趾鸥在高高的峭壁上筑巢，一连几小时坐着孵蛋，对三趾鸥父母来说，是件很不舒服的差事，尤其在炎热的天气里。鸟类的皮肤里没有汗腺，所以如果体内的热量散发不出去，它们只能被迫坐着喘息。

体温调节器

哺乳动物厚厚的皮肤是由多层薄薄的表皮组成的，表皮覆盖在一层厚厚的、结实的真皮之上，真皮通过疏松结缔组织与肌肉相连。表皮的最上层由死亡细胞组成，这些死亡细胞是有规律地衰退的，并被下面新的细胞取代。像脚底和手掌这些严重磨损的人体部位，表皮通常又厚又粗糙，含有的角蛋白也比其他部位多。皮肤里生有汗腺和皮脂腺，汗腺能够控制体温，皮脂腺可以防止皮肤和毛发干燥。

大多数哺乳动物的表皮外面都覆盖着一层保护性的软毛，被称为皮毛。皮毛有两层：底毛和针毛。底毛是一层紧贴着皮肤的柔软浓密的皮毛层。这层皮毛形成了一个空气隔离层，能使动物保持冬暖夏凉的状态。像水獭、海狸和海豹这样的水生哺乳动物，长着浓密的底毛，以至于它们几乎不会被水浸湿。针毛又长又厚，在底毛外面起保护作用。在水里，针毛会浸湿，贴在底毛上面，形成一层防水的保护性"毛毯"。动物浮出水面后，只要快速抖动一下，就能把水甩掉，针毛层就差不多变干了。

有些哺乳动物既有底毛也有针毛，但有些动物

你知道吗？

脂肪褶皱

中国沙皮狗身上松弛的皮肤和脂肪褶皱是多年专业养殖的结果。但这种狗的外形过去并不是这样的。在古代中国，沙皮狗的皮肤光滑得多，它们是令人畏惧的看门狗。沙皮狗头上和肩膀上厚重的褶皱是后来人们特意培育出来的，因为这令它们在斗狗中更占优势。现在，沙皮狗已不再参加比赛了，而是享受着更加安逸的生活。

黏黏的鳞片

鱼的皮肤是由许多单个的互相交叠的鳞片组成的。每片鱼鳞都是从厚厚的真皮层中长出来的。鱼鳞表面被表皮和真皮细胞层覆盖着。图中显示的是鲑鱼的皮肤，它的表面覆盖着一层从遍布皮肤各处的腺体里分泌出来的薄薄的黏液。

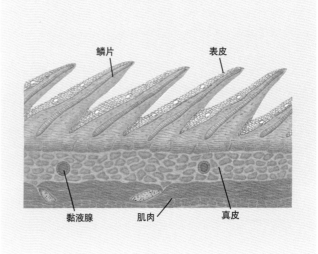

鳞片　表皮

黏液腺　肌肉　真皮

▲ 北极熊生活在世界上环境最为恶劣的地区之一。和其他生活在北极的冰封海面上的哺乳动物一样，它们依赖身上厚厚的皮毛来保暖。它们的针毛长约 15 厘米，每根针毛都是中空的，长在黑色的皮肤上。这些针毛就像光导纤维一样，能够把温暖的阳光传送到皮肤上。

▲ 随着小帝企鹅发育成熟，它们身上那层厚厚的蓬松绒毛就会蜕下，换上一层温暖的防水 "外衣"。这层 "外衣" 是由三层短短的油性羽毛组成的。

▲ 海獭那柔软厚实的皮毛过去常被认为是世界上最精美的兽皮。人们为了得到这些皮毛而对它们大肆猎捕，从而使海獭濒临灭绝。但是现在，感谢动物保护法，海獭那温暖的防水"皮衣"可以安全地穿在它们自己的身上了。

大开眼界

洗日光浴的河马

河马有着薄薄的、很容易散失水分的表皮，另外还有着厚厚的粗糙的真皮。在夏天炎热的日光下，为了防止身体脱水，它们整天待在水里。它们的皮肤里并没有真正的调节体温的汗腺，而是生有另一种腺体。这种腺体能够分泌出一层厚厚的黏稠的红色液体，就像防晒乳液一样，保护它们免受太阳光线的有害影响。

或者只有底毛，或者只有针毛。还有少数动物几乎不长毛，比如犀牛、鲸和海豚。多数哺乳动物在一年里会定期蜕掉全身的毛，并长出新毛。狐狸和海豹每年夏天蜕一次毛，但许多动物每年会蜕两次毛，一次在春天，一次在秋天。它们的"夏衣"比"冬衣"薄，颜色通常也不一样，这可以帮助动物随季节的变化进行伪装，使它们能更好地融入环境当中。

适应环境

动物的皮毛与它们的生活方式是相适应的。例如，跳鼠是一种和啮齿动物很相像的小型动物，以跳跃的方式活动。那些生活在沙地中的跳鼠的皮毛适合它们四处活动。而沙漠中的跳鼠则在脚底长着簇生的毛，在软软的沙地上，这些毛起着"雪地鞋"的作用，能够为它们的身体提供额外的支撑。阿拉斯加的雪鞋兔也是以类似的方式在冬天的雪堆上跳跃。哺乳动物还会利用自己的皮毛帮助调节体温。例如，生活在撒哈拉沙漠中的大耳狐，可以通过大耳朵上贴着皮肤表面的血管来散热，从而降低自己的体温。在寒冷的环境中，像北极狐这样的狐狸，都长有覆盖着一层浓密软毛的小耳朵，帮助保存体内的热量。

　　动物们甚至会利用自己的皮毛，诱使捕食者攻击自己身体上不那么重要的部位。例如，生活在肯尼亚开阔森林中的黄臀象鼩是一种异常机敏的动物，它用臀部的金黄色"目标"点，向捕食者宣告自己的存在。如果捕食者要偷袭黄臀象鼩，一定会攻击这个金黄色斑点。而这个部位的皮肤要比身体其他部位的皮肤粗糙得多，而且比其他部位的皮肤厚三倍。所以，如果黄臀象鼩逃脱了，伤口也会迅速愈合。

牛角、羊角和鹿角有很多不同的形状和大小，这些有角的动物可以用角去撞击自己的同类，还可以用角去对付捕食者，或者只是简单地炫耀角的大小。但是如果角折断了，这些动物未来的处境恐怕就很艰难了。

只有鹿才长有茸角。茸角的形状差别很大，普度鹿长着像匕首一样的钉状茸角，而雄性黇鹿和驯鹿的角则像一件精美的头饰。尽管茸角的外形不尽相同，但所有茸角的结构都是相似的。不过，其他动物的角则可能是由不同的物质构成的。

角的结构

牛、羊和羚羊长有真正的角。它们的角含有骨质内核，外面有一层由角蛋白构成的角质鞘。角蛋白是一种蛋白质，是皮肤的衍生物，人类的手指甲和脚指甲都是由角蛋白构成的。这种角永

早期的鹿

獐也是一种鹿科动物，它们没有角，但是有着长长的、尖锐的犬齿。雄獐用自己的犬齿代替角去进行战斗。獐的这种特性很像鹿类的祖先——一种生活在渐新世（大约3700万年前）的和现代鹿很像的有蹄类动物。后来，在中新世时期（大约2600万年前），鹿长出了大小适中的茸角，同时也有大大的犬齿——就像今天生活在亚洲的麂一样。麂在用它们的犬齿进攻对手之前，会先尝试用角使对手失去平衡。这种进攻方式似乎是一种过渡，把早期的鹿用犬齿进攻的行为和今天的鹿用角搏斗的做法联结了起来。直到上新世（大约530万到260万年前），有茸角且没有犬齿的鹿才开始繁衍起来。

远都不会脱落。

　　犀牛的角是由完全角质化了的纤维紧密结合在一起形成的，而且犀牛角会终生持续生长。犀牛角可以被割下来，而犀牛并不会感到太大的痛苦。过几年后，犀牛角又会长回原样。

　　长颈鹿的角完全是由骨骼构成的，上面覆盖着皮肤。角上没有角蛋白层，覆盖着角的皮肤与身体其余部位的皮肤是完全一样的。雄性长颈鹿的角比雌性长颈鹿的角稍微厚重一些。

　　叉角羚是一种生活在北美洲的羚羊。它们的角里含有骨质内核，外面覆盖着一层角蛋白——就像牛角一样。不过，与牛角不同的是，叉角羚角上的角蛋白层每年都会脱落，然后重新生长出来。这是叉角羚独有的特征。

　　图中，前面的这头扭角林羚正在饮水，它长着醒目的、长长的、螺旋形的角。只有雄性扭角林羚长角，它们的角的平均长度有1米多。在这张图片的背景上，一头大羚羊正看着饮水的扭角林羚。这两种动物的角都是螺旋形的。

茸角的结构

　　茸角是鹿类特有的结构。大多数时候只有雄鹿（牡鹿）才长有茸角，并且它们只在争夺雌鹿的激烈竞争中才会使用茸角。这种竞争有时并不是殊死搏斗，而只是一些仪式化的表演。值得一提的是，驯鹿的雌鹿和雄鹿都长有茸角。

　　茸角完全是由骨质构成的，而且是中空的。形成茸角的骨与构成身体其他部位的骨骼有所不同。相比之下，茸角上的骨显得更柔韧一些，这种弹性可以降低它们折断的可能性。茸角会季节

茸角的内部

下面这张图片显示了一只覆盖着茸毛的生长中的茸角，以及一只发育完全后的茸角。

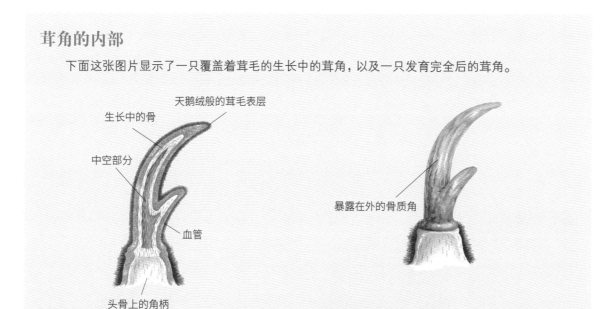

生长中的骨
天鹅绒般的茸毛表层
中空部分
血管
头骨上的角柄
暴露在外的骨质角

对比鲜明

　　这两张图显示了犀牛的角和长颈鹿的角之间的不同之处。许多动物都长有角，但是这些角在结构上可能迥然不同。

无骨的角
犀牛的角是由角蛋白构成的。角中没有骨，而且角的根部也没有和头骨相连。

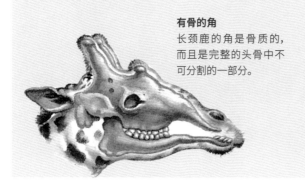

有骨的角
长颈鹿的角是骨质的，而且是完整的头骨中不可分割的一部分。

性地生长、脱落，因为只有在每一年的特定季节里，鹿才需要使用茸角。茸角在初春时节，求偶交配后就会脱落，然后又立刻开始重新生长。在生长过程中，角会被一层长满茸毛的柔软皮肤覆盖着，其质地和外观就像天鹅绒一样。这层"天鹅绒"中含有丰富的毛细血管，可以给生长中的鹿茸以持续的滋养。当茸角充分长成之后，"天鹅绒"皮肤中的血液循环就会停止，这层皮肤也会随之退化并脱落。牡鹿会不断在地面上摩擦它们的茸角，有意加快这层皮肤的脱落。然后，脱落下来的皮肤会被鹿吃掉，这样做可能是为了回收能量。茸角的生长和即将发

这头北美驯鹿做好了战前的准备工作。为了准备作战，它角上的那层长着茸毛的皮肤脱落了。皮肤脱落时，里面的毛细血管会破裂，所以看上去血淋淋的。

卷曲的角

　　从最古老的哺乳动物简单的角开始，角经过漫长的进化，发展出了各种各样不同的形状和大小。角是通过基部角蛋白的堆积而生长的。所以，当角蛋白在角的两侧以相同的速率聚积时，角就是直直的，就像非洲直角长角羚的角那样。不过，角蛋白经常会以不同的速率在角的基部堆积，这种现象造就了我们今天在自然界中看到的形态各异的角。

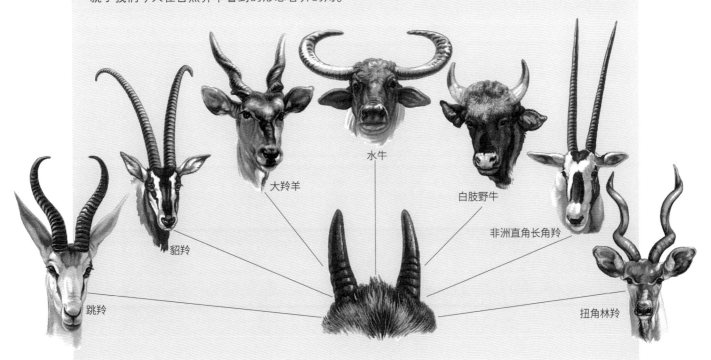

水牛

大羚羊

白肢野牛

貂羚

非洲直角长角羚

跳羚

扭角林羚

生的求偶竞赛，都会消耗大量的能量，所以，牡鹿必须竭尽所能地储备体能。

茸角上那层长满茸毛的皮肤脱落之后，皮肤下硬硬的骨质角就暴露了出来。茸角通过头骨上的角柄与头部相连。在求偶季节中，这种连接会变得越来越弱。但是要等所有的战斗都结束后，茸角才会脱落。不过，茸角常常会在战斗中被折断。如果一头具有支配权的牡鹿在战斗中失去了一只茸角，或者两只茸角全部失去了，那么它基本上会毫无疑问地投降，将自己的"妻妾"拱手让给另外那头得胜的牡鹿。牡鹿之所以每年都消耗如此巨大的能量来生长茸角，是因为如果它们一生中只拥有一对茸角的话，那么茸角在战斗中折断后，它们就永远失去了进行个体竞争和交配的机会。好在它们每一年都会重新长出新角，这样，牡鹿每年都可以重新开始全新的生活，不用在乎从前的战斗。

格斗场

在求偶竞争中，雄性之间的战斗是有组织地进行的。组织的目的是将彼此之间武力对抗的发生率降到最低，因为搏斗是存在很大风险的。在马鹿群体中，如果一名竞争者明显比另一名高大强壮，那么弱小的那头马鹿就会自动放弃，甚至不会尝试参加竞争中的一些仪式化的项目。

当竞争双方乍看起来旗鼓相当，无从判断孰胜孰负时，它们会面对面地站着，开始吼叫。如果一头马鹿的吼叫声从频率和音量上都胜过对方，那么另一头马鹿就会在这一回合退出竞争。逃走的马鹿会很丢脸，但是它的身体不会受到伤害。

如果没有任何一方撤退，那么两头雄性马鹿就会进入下一个环节——并排行走。它们会并排走动，各自估计对方的体格和力量。如果有一方觉得自己打不过对手，它就会在这个阶段离开竞技场。

如果双方都认为自己有希望在近身肉搏中获胜，它们就会迅速地转过身来，面对面站着准备决斗。两头雄性马鹿会低下头，将茸角绞合在一起。它们会用角互相推挤，直到一方被顶得迅速后退。失败者会转身离开现场。不过，很多时候，求偶竞争并不会进行到这个阶段，这有助于减少双方不必要的伤亡。

角的功能

牛角和茸角主要是被当作武器使用的。它们最寻常的用途就是，确立雄性动物在一个种群中的优势地位。这对于雄性占有雌性并获得最好的食物资源，是极为重要的。鹿、绵羊、山羊、羚羊、瞪羚和犀牛都是出于这一目的而使用自己头上的角。

由于不同物种的生活方式不同，争夺雌性之战主要有两种类型。在那些雄性并不占有固定的领地，而且会进行季节性迁徙的群体中，这种竞争的惯常方式是用角进行例行的、仪式化的撞击。加拿大盘羊就是一个典型的范例。它们会频繁地进行各种仪式化的表演。它们那大大的螺旋形的角是很钝的，雄性会让彼此的头撞在一起。这种行为一般不会引起严重的伤害。相反，在那些由雄性占有生存资源的群体中，雄性能否成功交配，通常与它们占有的资源的质量（如领地上食物的丰盛程度）密切相关。这样的雄性为了保卫自己的领地，不惜诉诸暴力，尤其是当食物匮乏的时候。雌性会在领地中四处游荡，选择自己喜欢的雄性进行交配。石山羊就是这样的物种。雄性石山羊之间的战斗与加拿大盘羊之间的战斗截然不同，尽管这两个物种是近亲，而且生活在同样的栖居地中。石山羊长着短短的、尖锐的角，雄性之间的战斗通常都异常猛烈，而且倾向于速战速决。当然，这种暴力的搏斗不会频繁发生。

在许多有蹄类动物中（长有蹄子的哺乳动物），雌性也长角，这说明角除了被雄性动物用于生存竞争，还有别的用途。

许多有角的有蹄类动物受到捕食者的攻击后，会在走投无路时用角保护自己。群体中的全体成员会通力合作，有效地保护群体的安全。非洲水牛如

捻角山羊长着华丽的、螺旋形的角。这种濒危野生动物通常在喜马拉雅山系西部光秃秃的悬崖峭壁上，过着孤独的生活。

你知道吗？

壮观的角

动物的角能长到令人难以置信的尺寸。要选出动物世界中最大的角是一件比较困难的事情，不过冠军的头衔可能要授予水牛了。1955年，人们射杀了一头雄性水牛，它的两只角总计长达4.24米。角的长度是沿着它们外缘的曲线来测量的——从一只角的尖端，经过前额，到另一只角的尖端。有记载的单只角最长的荣誉属于图中的这种公牛，有一头公牛的角长2.06米。最大的一对茸角有1.99米长。这对华丽的茸角长在一头于1897年在加拿大的育空区被杀死的驼鹿身上。

如果你看到一种动物长着宽大的张开的其角，以及方形的嘴和低垂的上唇，还带着冷漠的表情，那么它必是驼鹿无疑。驼鹿的角的主体部分就像手掌一样，上面长有众多分支。

果受到来自捕食者的威胁，会互相帮助、共同御敌，它们甚至曾经合力杀死过前来骚扰的狮子。

　　一些大型的食草动物，比如犀牛，不仅用角来保护自己，也用角来攻击其他动物。凡是被它们认为对自己构成了威胁的动物，都会受到它们的攻击。犀牛的角很有战斗力，那些被它们排斥的动物，很少能够留在它们的领地上。那些被切去角的犀牛的下场，充分证明了犀牛的角在攻击和防卫中的重要性。动物保护主义者曾经提出了一个看上去似乎不错的主意，那就是切掉犀牛的角，阻止偷猎者为了得到犀牛角而捕杀犀牛。但是，后来的研究发现，那些被切去了角的犀牛妈妈生出来的子女，更容易成为鬣狗的美食。这说明被切去了角的雌性犀牛失去了有效保护自己后代的能力。动物保护主义者们可能忽视了切掉犀牛的唯一武器的潜在危险，要知道，那些长着角的犀牛的敌人只有人类，却很少受到狮子和鬣狗的侵扰。

　　角还可以被用于某些展示活动或社会性活动，这通常是雄性动物的仪式性活动的一部分。雄性大羚羊会在有香味的灌木上刮擦它们的角，然后把角在泥土中蹭来蹭去，这片泥土通常是被它们的竞争对手留下了尿液味道的。同样地，求偶竞争中的雄性犀牛会用角"扫地"，这是它们的战斗仪式中的一部分。驼鹿经常用角对着树干乱撞，这既是在展示雄性的威力，也是为了把角上的那层像天鹅绒一样的皮肤脱掉。这种行为常常会给树留下严重的伤痕。有些动物还把角当作工具使用，它们会用角折断树枝，甚至挖掘植物的块茎。

动物的盔甲

动物之间的生存斗争无休无止。为了有效地抵御各种各样的侵略行为，动物的防卫方式在不断地进化，它们的防卫本领越来越高超。

有的动物进化出了有效的伪装本领，它们能够隐藏起来而不会被捕食者发现。有的动物的皮肤中有致命的毒素，并利用明亮、鲜艳的肤色把这一事实告诉给其他动物。有的动物进化出了粗糙的"外衣"，仿佛盔甲一样保护着它们，这是动物界中最成功的防御方式之一。在整个进化史上，一些动物就是通过这样的盔甲保护自己的。盔甲的种类很多，它们的作用也不同。大多数动物身上的甲都是由皮肤进化而来的，为了抵御捕食者的侵袭，这些甲能够为它们提供强大的保护。一般来说，动物的这种防卫方式越完善，其他方面就越退化，比如速度和灵活性。有意思的是，这样的动物大多寿命很长。

哺乳动物的盔甲

犰狳的盔甲或许是最有名的。现存有 20 多种犰狳，它们都是夜行动物。它们分布在美国东南部、中美洲，以及南美洲的大部分地区。有的种类可以生活在各种环境里，如九带犰狳。但是有的种类却很特别，只能在特定的环境里生活，像神秘的毛犰狳就只分布在秘鲁的安第斯山脉中。犰狳主要以昆虫、蠕虫、真菌和腐肉为食。它们体形各异，毛犰狳的体形较小，重量为 80 ～ 100 克；大犰狳的体长可达 1.5 米，重量约为 60 千克。

犰狳的盔甲由被称为盾板的骨板构成，上面还覆有角质表皮。在犰狳的背上长着几列横带，横带之间由弹性的皮肤连接着，因此它们可以将身体蜷缩成团。下腹部是唯一没有盾板保护的地方，最容易受到攻击。刚生下来的小犰狳，皮肤柔软而坚韧，几个星期以后，这些皮肤才会变得坚硬起来。

此外，穿山甲也是一种身上覆有厚重盔甲的哺乳动物。它们的分布更为广泛。现存有 7 种穿山甲，其中 4 种生活在非洲，另外 3 种生活在亚洲。它们主要以蚂蚁和白蚁为食。它们长有一条长长的舌头，上面有厚厚的黏液，只要轻轻一舔，舌头上就会粘满密密麻麻的蚂蚁。它们还长有长长的利爪，用来帮助挖掘白蚁和蚂蚁的巢穴。在非洲穿山甲中，有两种在热带雨林里过着树栖生活；另外两种体形都比较大，在开阔的大草原上和森林里过着陆栖生活。亚洲穿山甲与非洲穿山甲不同，在它们的鳞甲之间的皮肤上长有毛。它们的盔甲由交叠在一起的角质鳞

犰狳是一种非常害羞的动物，它们昼伏夜出，善于掘土。九带犰狳是犰狳中分布最广的种类之一，它们遍布中、南美洲，主要以昆虫和蚁为食。图中这只九带犰狳正在挖掘蚁穴，为了避免吸进灰尘，它能够屏住呼吸长达 6 分钟。

有一些犰狳能把身体紧紧地蜷成球状，图中这只三带犰狳在遇到危险时就采用了这种防卫姿势，这使侵袭者根本无从下"嘴"。

长尾穿山甲属于树栖性穿山甲。图中就是一只体形较小的长尾穿山甲，它爬上高高的树冠，搜寻着悬挂在树枝上的白蚁和蚂蚁的巢。有时，它也吃其他昆虫。

当印度犀牛面临生存危机时——遭到非法狩猎或者生存环境恶化，它们那又粗又厚的皮和强壮的身体根本起不到保护作用。印度犀牛的臀部、肩部和颈部长有厚厚的皮，特别引人注目。犀牛具有攻击性，甚至能给对手造成致命的伤害。

片构成，看上去就像朝鲜蓟的叶子。鳞甲由厚厚的皮肤形成，上面长满了浓密的毛。同样，它们的下腹部也没有盔甲覆盖。旧的鳞甲频繁地蜕掉，然后又长出新的鳞甲。与一些犰狳一样，有些穿山甲在遇到危险的时候，也会紧紧地蜷成一团，只有那些下颌强劲有力的大型捕食者才能撕裂它们的盔甲。

犀牛的祖先可以追溯到几百万年以前。今天，地球上仅生活着 5 种犀牛，但也濒临灭绝。犀牛皮又粗又厚。犀牛经常在泥中打滚，从而为自己裹上了一件额外的"衣服"。这件"泥外衣"可以帮助它们免遭蚊虫的叮咬和寄生虫的侵袭。

爬行动物的盔甲

海龟和陆龟都属于龟类动物。龟类动物分布在世界各地，它们能在各种环境和气候条件下生存，其中许多种类过着水栖生活。一般来说，陆龟生活在陆地上，海龟则生活在海里。大多

可以更换的屋顶

在过去，犰狳的种类非常多，如今，大多数种类都已经灭绝，这其中就有雕齿兽（如图）。雕齿兽体形较大，身长约为5米。它们的背部长有长达3米的盔甲。它们一直生活到近代，南美土著人经常利用已经死去的雕齿兽的盔甲搭建棚顶。此外，还有一种犰狳也长有巨大的盔甲，这种巨型犰狳与犀牛一般大小。

海龟的背甲上覆有大块角质盾板，头部和鳍状肢也覆有坚硬的鳞甲。海龟的体形较大，它们的背甲通常能长到1.5米以上。

数的龟都进化出了坚硬的盔甲——一个能够包住身体的硬壳。当它们遇到危险的时候，会把四肢和头都缩到盔甲里，以免受到伤害。这种防卫方式虽然有效，但是它们也为此付出了代价：爬行速度非常慢，尤其在陆地上更显得异常笨拙。然而，龟的寿命非常长，据记载曾经有一只乌龟活了152年，这或许就得益于它们的"慢性子"。

龟壳属于龟的身体的一部分，并不是一个独立的实体。龟壳通过脊柱与龟的身体连在一起。龟壳分为两部分，下半部分叫作腹甲，由几块愈合在一起的骨板组成。幼龟身上的骨板还没有完全愈合在一起，但是随着幼龟长大，骨板会慢慢地连在一起。上半部分的龟壳叫作背甲，由若干块角质盾板组成。角质盾板由角质表皮形成，里面含有神经和血管，就像我们的皮肤一样。角质盾板的主要成分是角蛋白。龟的壳会随着身体的长大而长大。有一些龟的壳只能在一年当中天气比较温暖的时候生长。有一些生活在水中的龟，在它们的生长过程中，旧的角质盾板会不断地掉落，并由新的替代。

龙虾的盔甲

　　这是一条典型的龙虾。它的外骨骼（盔甲）主要由几丁质（含有多聚糖）、蛋白质和矿物质（含有钙盐）三种成分构成。它的身体由若干愈合在一起的体节组成，体节上面覆有坚硬的甲。它的附肢也由若干愈合在一起的节组成。在节与节之间长有柔韧的膜质关节，它们将各节的外骨骼连接在一起，从而使龙虾伸缩自如。

触角

尾节

头胸甲

步足

小触角

能够活动的螯

带螯的前肢

　　鳄鱼是世界上最令人害怕的爬行动物之一。有些种类能够长到6米多长，它们都是非常强大的捕食者。印度洋咸水鳄体形巨大，每年大约要制造1000起死亡事件，这可能就是人类对这些动物感到畏惧的主要原因。不过，人类通常不是它们的猎食对象。

　　鳄鱼和龟一样，它们的盔甲也由许多鳞甲（或者是盾板）组成。鳞甲的厚度和尺寸各式各样，这既取决于鳄鱼的种类，也取决于鳞甲在身体上的位置。个别旧的鳞甲会蜕掉，并被新的取代。当鳄鱼完全长大后，它们几乎没有什么天敌，因此它们那厚厚的皮只具有一些次要的功能。鳄鱼背部的鳞甲非常大，里面长着骨板（皮肤骨化），还遍布着复杂的血管网络。虽然这些大块的鳞甲能够保护它们免遭侵袭，但是这些鳞甲的主要作用是调节体温。印度洋咸水鳄的皮肤非常厚，能够帮助它们减少体液的流失。

甲壳动物的盔甲

　　在动物王国里，可能只有甲壳动物才具有最完善的盔甲。甲壳动物种类繁多，已知的大约有3万种，包括各种蟹、虾、水蚤等。几乎所有的甲壳动物都有坚硬的外骨骼（盔甲），可以起

蟑螂的防御能力非常高。它们大约在地球上生活了3.2亿年，将来或许会比人类生存得更为长久。它们能够忍受辐射、饥饿和严寒。

图中是一只体形较大的成年椰子蟹。它用巨大的螯爪打开了一个新鲜的椰子。椰子是椰子蟹最喜爱的美食。小椰子蟹通常寄居在空椰子壳里，以求得保护。

到保护作用。绝大多数的甲壳动物都生活在水中，只有少数几种生活在陆地上，如土鳖。

　　甲壳动物的外骨骼不能随着甲壳动物身体的长大而生长，这是它的主要缺点。因此，甲壳动物为了充分生长，就要经常蜕掉它们原先的盔甲（蜕皮）。甲壳动物在即将脱皮前，它们原有的硬的外骨骼下面会长出一层新的、柔软的外骨骼。当旧的外骨骼蜕掉后，甲壳动物的身体就会吸收水分并膨胀起来。新的外骨骼要经过好几天的时间才能变硬，在此期间，甲壳动物最容易受到侵袭。所以，为了安全起见，许多甲壳动物在蜕皮之后都会躲藏一段时间。

箱鲀（俗称盒子鱼）长有方形的硬骨板，可以保护它们免遭大鱼吞食。硬骨板非常坚硬，以至箱鲀的身体不能弯曲，因此它们只好依靠鳍来游动。

"借"来的盔甲

有一些动物没有天然的盔甲，它们只能去"借"，其中最有名的就是寄居蟹。寄居蟹通常生活在浅水中和岩池里。与大多数蟹类动物不同，寄居蟹只有一层柔软、坚韧的外骨骼，这并不能为它们提供太多的保护，但这使它们避免了在蜕皮阶段消耗能量。寄居蟹通常寄居在软体动物废弃的壳里，那是它们最好的藏身之地。随着身体的逐渐长大，寄居蟹会丢弃原来的壳而移居到更大的壳里。

陆地寄居蟹也是一种需要到别处借保护壳的蟹类动物。椰子蟹是一种大型陆地寄居蟹，主要生活在南太平洋的岛屿上，它们经常爬到椰子树上觅食椰子。小椰子蟹与寄居蟹一样，把软体动物的壳作为自己的盔甲。它们长大以后，就会钻进空的椰子壳里。无论到哪儿，它们都会背着它。还有一些椰子蟹，能够利用其他物体作为藏身之地，比如空的咖啡罐和铁皮罐。当这些椰子蟹长得比自己的"家"还要大的时候，它们就不再需要盔甲的保护了，毕竟它们已经长得足够大了——长约 45 厘米。此时，它们的外骨骼也变得非常粗糙，它们那强有力的螯能够轻而易举地打开椰子壳。因此，在海岛上几乎没有什么动物敢去挑战一只成年椰子蟹。

你知道吗？

致命的杀手

许多软体动物都能分泌碳酸钙，从而为自己制造出一副盔甲——壳，比如蜗牛和海螺。这些壳不但坚硬，而且非常漂亮。一些捕食者常常强迫打开它们的壳。例如，海星用管足将双壳类动物的壳撬开，然后把翻出来的胃伸进壳中，将猎物消化掉。有一种海螺能用自己分泌出来的酸液腐蚀双壳类动物的壳，这种侵袭方式看上去无关紧要，但对双壳类动物来说却是致命的。

动物的牙齿和脚爪

牙齿和爪子是动物生存的天然工具。在食物处理链中，这是最基本的东西。所有的动物都需要为特定的目的而拥有特定的"工具"。

生物在成长和繁殖中都需要能量。我们一般把食物当成能量来源。对大多数动物来说，要成功获得和处理食物，牙齿是最基本的工具。齿系是指动物拥有的牙齿数量、类型和排列方式。由于吃各种不同的食物，大多数不同种类动物的牙齿都在进化，这些动物按食性可以广义地分为三大类——食草动物、食肉动物和杂食动物。这三种动物都有独特的齿系。齿系具有良好的适应性，尤其能适应它们各自每天需要处理的食物。不过，牙齿有时候也是为了展示和代表地

▲ 这就是无情的食肉动物残酷的犬牙吗？实际上不是。由于某种特殊的原因，狒狒的犬牙非常与众不同，它们被用来决定狒狒在群体中的地位。当狒狒长长地打哈欠时，犬牙就会露出来示威。

位长出来的，如象牙。

　　哺乳动物长有四种不同类型的牙。门牙位于口中前方，用来咬碎和咬断食物；犬牙又长又尖，极其锋利，是用来刺穿、撕裂食物的；前臼齿和臼齿都被称为臼齿，是用来将食物磨碎、咀嚼成小颗粒的。牙齿表面长有牙尖。

犬牙

　　有一些动物拥有高度发达、又长又尖的犬牙，看起来非常凶险。民间关于这些动物的犬牙有许多传说。有的动物甚至把犬牙当成致命的武器。

　　毒蛇长有非常特殊的犬牙。它们的犬牙位于口中的前方，是中空的，就像注射器的针头一样。犬牙后面的唾腺能够产生毒液。一旦被毒蛇咬到，毒液就会通过犬牙的尖端注射到受害者的体内。蛇并不把人类当成自己的猎物，所以它们并不会为了获得食物咬我们。大多数人被蛇咬，是因为他们没有看见蛇，意外惊扰了它；或者在处理毒蛇的时候极其不小心造成的。犬牙的长度、毒液的毒性，以及让毒蛇咬一口后会被注入多少毒液，都是衡量一条毒蛇是否致命的主要因素。但判断毒蛇致命性的另一个因素是它们的性情，例如死神蛇、眼镜王蛇、太攀蛇，它们都很好斗（富有攻击性），对人和猎物都会反复咬，甚至还会追赶那些可能会威胁到它们的动物。

　　▲　全世界每年大约有 4 万人被毒蛇咬死。大多数的死亡都发生在炎热而贫穷的国家中。在这些地方，蛇通常都混迹在人类的居住区中。

哺乳动物的头骨

下面的头骨清楚地显示了不同哺乳动物的不同齿系。

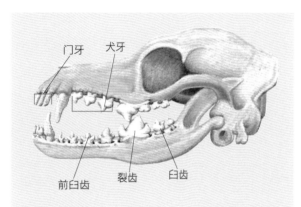

食肉动物

食肉动物的主要食物是肉。对一只典型的食肉动物（如图中的狗）来说，它们的门牙很小，而且簇生在一起，靠得很近。这些门牙专门用来刮下猎物骨头上的肉。它们的犬牙发育得很好，主要用来咬死猎物。一旦猎物死了，食肉动物就会用犬牙将猎物身上的肉一块块撕下来。肉的蛋白含量很高，比植物更容易消化。因此，食肉动物通常不需要咀嚼，就将整块肉直接吞入腹中。

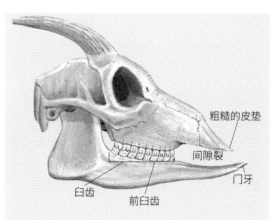

食草动物

食草动物主要以植物为食，并拥有与之相适应的齿系。对一只典型的食草动物（如图中的山羊）来说，它的下颌上有长长的、像凿子一样的门牙。上门牙则被一块粗糙的皮垫代替了。下门牙在吃草时，会从侧面绕过这块皮垫。它们也没有犬牙。在门牙之间有间隙裂和臼齿。臼齿很大，上面有牙珐琅。

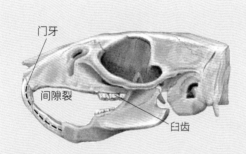

啮齿动物

啮齿动物的门牙终生都会生长，而且又长又锋利。这些门牙只有前面有珐琅。和食草动物一样，啮齿动物（如图中的老鼠）也有牙槽，牙槽将门牙和臼齿分开。在咬食的时候，间隙裂中会露出一片皮肤，防止木屑或者食物外壳进入喉咙。像老鼠这样的啮齿动物没有犬牙，也没有前臼齿，但是其他一些啮齿动物有一颗或者两颗前臼齿。

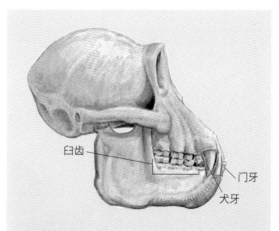

杂食动物

杂食动物既吃植物，也吃动物，所以，它们的齿系并不像食肉动物和食草动物那么特别。人类、熊和黑猩猩（如图）都是杂食动物。

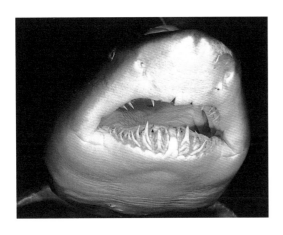

▲ 砂锥齿鲨（有时也被称为护士鲨）正在展示它那令人恐怖的齿系。它的嘴里有好几行锋利得像针一样的牙齿。当一颗牙齿掉落后，就会被后面长出的新牙取代。鲨鱼平均每餐都会掉落一颗牙齿。

▲ 食肉动物（如图中这只美洲豹）的臼齿经过进化，已经具有了锋利的牙隆脊，它们的裂齿可以撕裂肉食。犬科动物的裂齿后面长有臼齿，专门用来咬碎骨头。

剑齿虎的长牙齿

　　大约在 200 万年前，最有力量、最凶残的猫科动物就已经开始在地球上漫游了，它们就是剑齿虎。人们估计它们的大小大约相当于今天的美洲豹。它们的前腿尤其有力，犬牙长 15 ～ 18 厘米。剑齿虎究竟如何使用如此巨大的牙齿呢？对此，人们一直很疑惑。剑齿虎的颌的结构特殊，因此它们的嘴能张得很大，远远超过今天的猫科动物，这使它们能够用嘴里锋利的牙齿刺杀猎物。但是，这些牙齿在咬骨头时，也很容易断裂，所以，剑齿虎在攻击大型食草动物时，可能主要是咬猎物多肉的脖子。有时候，剑齿虎的猎物甚至与今天的犀牛差不多大小。它们可能是为了对付那些动物厚厚的皮毛，才发展出了如此令人生畏的齿系。

全世界最恶毒的动物可能是吸血蝠。那些关于这种巨大的蝙蝠在黄昏时分出现、吸人血的故事当然是被夸大的。虽然吸血蝠以血为食，但通常并不吸食人血。人被吸血蝠咬后死亡的案例是有的，但这是因为咬人的吸血蝠通常都携带有狂犬病毒。被狂犬病毒感染的伤口如果不及时治疗，就会致命。吸血蝠奇怪的外表和吸血的天性，都毫无疑问地让我们对它们感到恐惧。

颌、爪子和食肉动物

食肉动物成功生存的关键在于，它们必须迅速战胜猎物，这样，当它们捕猎时，受伤的风险才会最小化。锋利的牙齿虽然看起来很可怕，但却不是迅速杀死猎物的唯一武器。对食肉动物来说，要杀死并肢解猎物，还必须具有强健的双颌。在今天的大型猫科动物中，美洲豹的双颌最强健（相对于它的大小）。它们通常吃海龟、乌龟、凯门鳄，这些动物都有坚硬的外壳。它们也是美洲唯一经常咬穿猎物头盖骨的大型猫科动物。鬣狗具有食肉动物的血统，它们能咬碎猎物的骨头。它们还能毫不费力地合上双颌。在鬣狗中，东非斑鬣狗是最大、最强壮的。它们撕咬的力度能达到每平方厘米 800 千克，这足以让一头水牛的腿骨断裂。但是，即使这样的力量，也会被冷静的水中食肉动物——鲨鱼彬彬有礼地嘲笑。人们用鱼缸中的颌力计做过一个实验，发现一条三米长的鲨鱼的颚，撕咬力度达到了每平方厘米 3000 千克。这个实验告诉我们，在所有的食肉动物中，鲨鱼的颚的力量是最强大的。由于食肉鲨鱼能够长到 6 米多长，所以，大白鲨和虎鲨具有破坏性的力量。根据一个被记录在案的案例：曾经有一条大鲨鱼将一名潜水员咬成了两半。

爪子

有一些食肉动物在捕捉、杀死、肢解猎物的时候，几乎完全依赖爪子。它们的爪子是由积淀下来的角蛋白构成的，就像人类的指甲和马儿的蹄子一样。

鹰的鹰爪长而锋利，呈钩状，能牢牢抓住猎物。鹰通常用爪子杀死猎物，而不是用喙。世界上最大的、最有力量的鹰是生活在南美洲的菱纹鹰。它们在森林的天篷之上滑翔，用巨大的爪子迅速抓住现身的猴子、树懒、负鼠和其他小型动物。它们还能在两棵树之间，以每小时 70 千米的速度朝下俯冲。以鱼为食的鹰长有像剃刀一样锋利的爪子，只有这样才能抓住身子滑滑的猎物。

像跳刀一样的脚

和牙齿不一样，爪子总是暴露在外，极易变钝、碎裂，或者成为障碍。猫科动物在进化中，已经完美解决了这一问题。它们的爪子在不用时可以缩回掌中，需要时才伸出来，就像可以闭合的刀刃一样。当猫科动物想使用爪子时，就会收缩肌腱，让爪子从掌上的保护鞘中伸出来。爪子完成任务之后，肌腱就会放松，爪子上有弹性的韧带就会将爪子拉回掌上的保护鞘中。

恐爪龙是一种食肉恐龙。即使它们能长到两米高，与同时代的其他食肉动物相比，它们仍然显得矮小。不过，

这只巨大的白头海雕正准备吃它的美味——鱼。当鱼儿一冒出水面，长长的爪子以及敏锐的视力和敏捷的空中技巧，就能让白头海雕牢牢紧盯并抓住自己的猎物。

猫爪

图片显示了猫如何伸出爪子，并缩回爪子。

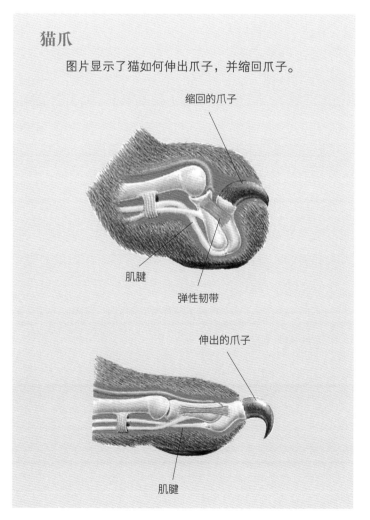

缩回的爪子

肌腱

弹性韧带

伸出的爪子

肌腱

三趾树懒有时候会受到菱纹鹰的攻击。在如此可怕的环境中，树懒会迅速开始行动。它会对着鹰，将巨大的爪子和牙齿猛击出去。

爪中之王

恐爪龙是一种令人生畏的捕食动物，它们有着巨大而尖锐的爪子，速度快得令人惊异。更致命的是，它们总是成群猎食。

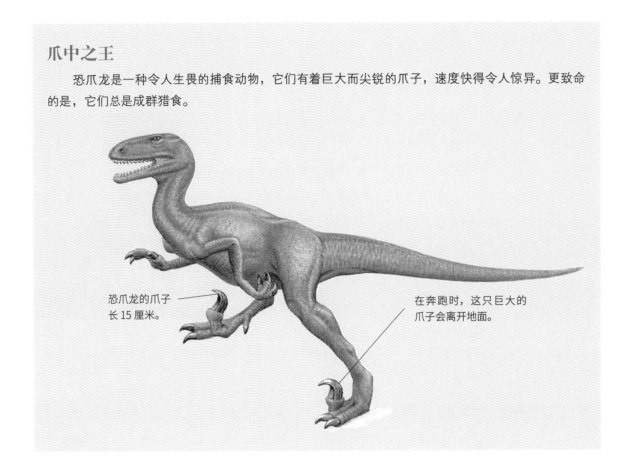

恐爪龙的爪子长15厘米。

在奔跑时，这只巨大的爪子会离开地面。

海中的滤网

有一些哺乳动物经过进化，拥有非常特别的牙齿，而且这些进化后的牙齿远远不同于它们最初的牙齿。一个很好的例子是专吃浮游生物的鲸。它们的牙齿已经被像鹿茸一样的鲸须取代了。鲸须一直从上颌延伸到下面，从水中过滤出微型的浮游生物。尽管这些浮游生物很小，但它们都很有营养，完全能够满足一只饥饿的鲸。

它们速度极快，再加上巨大而且弯曲的爪子，能够轻而易举战胜猎物。恐爪龙会成群漫游，猎捕远远比自己大的猎物。恐爪龙所有的爪子都又长又锋利，但是每只脚第二个足趾上的爪子尤其大，通常能长到15厘米长。人们相信，当恐爪龙在正常活动时，这只足趾就会离开地面；但是在猎食时，又能迅速发挥作用。它们用前肢上的爪子抓猎物，用后腿野蛮地踢猎物，能迅速地将受害者的内脏都踢出来。

动物的毒液

有这样一些动物，它们不费吹灰之力就能赢得钵满盆溢，尤其是那些身上长有剧毒叮咬武器的动物。一些动物可能看起来美味可口，但是一旦面临被捕食的危险，它们就会展露出身上的剧毒色彩，聪明的捕猎者就会对它们敬而远之。

动物王国里充满了有毒的动物，它们能用毒素杀死猎物或者抵御天敌。像漏斗网蜘蛛这种致命的蜘蛛，它们所含的毒素令人生畏，响尾蛇和蝎子也是一样的。此外，还有许多其他物种也会使用化学毒剂。

有些动物会分泌毒液，它们有着令人讨厌的习性，就是通过毒牙、毒针和毒刺把毒液注入其他生物体内。而另外一些动物仅仅是自身有毒，并不叮咬或刺伤其他动物，但它们体内携带的毒素可以阻止天敌的捕食。

◀ 这只来自南美洲苏里南的蓝色箭毒蛙看起来美味可口，但它那身鲜亮的天蓝色外衣，却向捕猎者们表明了自己致命的毒性。在这个家族中的很多蛙都带有剧毒。

分泌毒液的动物

　　蜘蛛和蛇是最常见的能够分泌毒液的动物。很多蜘蛛通过毒牙从体内的特殊腺体里分泌出毒液。小型蜘蛛能够使用毒液杀死猎物，但一般不会刺穿人体的皮肤。红背蜘蛛和漏斗网蜘蛛却不仅是猎物的天敌，也是人类的致命杀手。如果被棕色遁蛛（也称隐士蜘蛛）咬上一口，就会有生命危险，因为它们的毒液能导致人体组织坏死，使人体组织变黑进而死亡。

　　像眼镜蛇这样的蛇类能够分泌毒液。它们把毒液注射到猎物体内，杀死或麻醉猎物，有时还利用毒液帮助消化。在大约 2700 种蛇类中，有 400 种左右能够分泌毒液。

　　毒蛇通常通过毒牙注射毒液。像非洲树蛇这样的后生毒牙蛇，毒牙长在口腔的后部。一些前生毒牙蛇，如眼镜蛇和海蛇，则在口腔前部长着固定的、有凹槽的毒牙，在攻击时，这些毒牙就像进行皮下注射的针一样。另外一些毒蛇，如响尾蛇和蝰蛇，它们的前生毒牙是中空的、没有凹槽，这些毒牙平时都向后折叠在嘴里，只有在攻击时才会伸出来。有些毒蛇的毒液见效奇快，能使猎物当场死亡。另一些毒蛇的毒液则见效缓慢，受害者被咬到后，会蹒跚着逃离，在毒蛇的视野外死去，但毒蛇会凭着嗅觉尾随而至。

　　在无脊椎动物中，蝎子是一流的蜇刺高手。这种节肢动物在发动攻击时，会把尾巴弓在身体上方。蜜蜂和黄蜂是有名的尾部蜇刺动物。蜜蜂的毒液由体内两种腺体里的分泌物混合形成。这两种分泌物一种呈酸性，另一种呈碱性，它们只在蜜蜂蜇人的时候，才会混合起来发挥作用。所以，蜜蜂并不会被自己体内这两种毒素伤害。

这对林鹀鹟幼鸟身上覆盖着稀疏的绒毛。绒毛下面的羽毛和皮肤里，有一种有毒的化学物质。这可能是用来防御羽虱的，也可能是为了保护幼虫免受饥饿的爬虫的捕食。

邪恶的毒液

　　很多分泌毒液的动物都是通过叮咬释放出毒液。它们通常都长着一对毒牙，并通过毒牙将毒液释放到受害者体内。毒蛇的毒牙会有规律地更换，而蜘蛛一生只有一对毒牙。南美洲的印第安人吃完烤熟的狼蛛后，就用狼蛛那巨大的毒牙当牙签！

致命的腿
蜈蚣能用头部的爪子刺穿猎物。这些进化了的前腿能够快捷地攻击。

带凹槽的毒牙
在一些前生毒牙的毒蛇中，毒液会沿着毒牙里的凹槽流出来。另外一些毒蛇，如响尾蛇，则长着中空的、没有凹槽的毒牙。

毛茸茸的精灵
狼蛛是有名的多毛节肢动物，而且令人感到恐慌。但是它们的叮咬并不比一只蜜蜂的蜇刺更有力。大多数蜘蛛要么通过钳形运动进行叮咬，要么直接刺向猎物。

钳形运动

向下蜇刺

蜇刺

　　用毒液进行攻击的动物，要么采用叮咬的方式，要么采用蜇刺的方式。刺针既是用来捕猎的工具，也是用来自卫的武器。

尸体也致命
水母在叮蜇时，会激发出体内几千个特殊的毒细胞，甚至在水母死后，这些毒细胞仍能进行叮蜇。

微型鱼叉
水母、海葵和其他腔肠动物都含有特殊的细胞，遇到猎物时，它们能够将带着尖头的卷曲的触手弹射出去。

弹射细胞

卷曲的刺

蜇人的圆圈
海葵用触须和触须根部的一圈叮蜇细胞进行叮蜇。

野餐中的危险
外出野餐时，人们可能会受到蜜蜂和胡蜂的攻击，它们腹部的尾端长着一根毒针。

黄色危险品
巴勒斯坦黄蝎是世界上最致命的蝎子。但是，很多其他种类的蝎子并不会对人类的生命构成威胁。

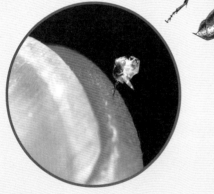

▲　蜜蜂蜇人后，会将毒囊留在人体内，蜜蜂飞走后，毒囊会向受害者的人体组织内喷出毒液。一只蜜蜂一生只能叮蜇一次，因为叮蜇时，它的倒钩形毒针会将自己的内脏钩出来，从而死去。

　　一些软体动物、棘皮动物和腔肠动物也会分泌毒液。一些水母，像生活在澳大利亚海滨的海黄蜂（箱形水母），几分钟内就能杀死一个人。蓝环章鱼用喙状的嘴咬住猎物，并将毒液注入猎物的体内。一些鸡心螺刺中猎物后，会用毒液使猎物瘫痪。

　　能分泌毒液的哺乳动物极少，水鼩鼱和雄性鸭嘴兽就是其中的两种。当水鼩鼱咬住像青蛙这样的大型猎物后，会释放出有毒的唾液。鸭嘴兽会通过后肢踝部的"毒距"向猎物注射毒液。没人知道鸭嘴兽为什么会产生毒液，也许与繁育后代、争夺领地和自我防卫有关吧。

　　许多鱼类在它们的刺鳍中储满毒液，比如黄貂鱼、石鱼、蓑鲉和龙鳌，它们都长着含有毒液的刺鳍或刺。

　　最厉害的动物毒液是一种致命的化学"鸡尾酒"（动物体内各种分泌物混合在一起形成的毒素），里面通常含有酸、酶、抗凝血剂等物质。总的来说，它们要么是神经毒素，要么是血液毒素。神经毒素通过停止心肺功能，使受害者致死，含有这种毒液的动物包括眼镜蛇和河鲀。血液毒素能够破坏血液里的红细胞、白细胞以及身体组织，棕蜘蛛就含有这种毒液。

口水战和油漆刷

　　一些动物使用毒素对付敌人的办法相当独特。木蚁将自己的腹部对准敌人的脚趾，并朝脚趾喷射蚁酸。蚁酸不是一种毒液，却是一种强效的化学物质。一些白蚁同样能够喷射化学物质，不过是通过自己特殊的嘴。

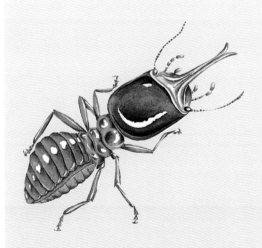

油漆刷
一些犀角白蚁科的兵蚁，长着像刷子一样的口器，用来在受害者身上涂抹毒液，就像刷油漆似的。

吐口水的眼镜蛇
生活在非洲的一种眼镜蛇会喷吐毒液，它能够精确地从每颗毒牙中射出一股毒液。它们能击中2米以外的目标，毒性之强足以令攻击者双目失明。

大开眼界

潜在的危险

澳大利亚的石鱼是世界上毒性最强的鱼。它们潜藏在浅水区的海床上，一些不知情的人很容易踩到它们身上。被踩到后，这些鱼并不逃跑，而是将背上的刺鳍竖起来，刺进踩在它们背上的脚掌中。这样，由于人体的重量，石鱼身上的毒液被挤压到伤口里，在令人难以置信的疼痛中，受害者会陷入一种近乎疯狂的状态。并在极度的痛苦中口吐白沫。受伤的腿会肿成庞然大物，有时脚趾会变黑并脱落。几小时后，癫狂的受害者就有可能会死掉。

▲　生活在美国西南部沙漠地区的大毒蜥，是世界上仅有的两种毒蜥蜴之一。大毒蜥逮住猎物后，会紧咬不放，直到毒液渗入到对方伤口里。

含有毒素的动物

很多动物仅仅利用体内的毒素进行自卫。它们通常只有在被吃掉或被捕获后，体内的毒素才会发挥作用。在这些动物中，有的只是令捕食者感到口味不佳，有的则会彻底致命。

毛虫是一种很受欢迎的猎物，所以很多毛虫体内都含有可以防御天敌的化学毒素。它们通过鲜艳的色彩和毛茸茸的身体告诉捕食者，想要吃掉它们可不是件好玩的事情。另外，一些甲虫的幼虫也是有毒的，生活在非洲喀拉哈里沙漠里的布须曼人就用一种叶甲虫幼虫的毒汁来浸泡箭头。

很多两栖动物的皮肤都是有毒的，但是它们大都不会利用毒液进行攻击。和很多其他蝾螈类动物一样，黄黑色的火蝾螈对于鸟类来说并不是那么好吃的，另外一种叫作加利福尼亚蝾螈的动物体内则充满了致命的神经毒素。

毒性最强的蛙是金色箭毒蛙，它的毒汁只需要小小的一滴就足以杀死一个人。很多其他热带蛙的皮肤都有毒，它们通常都用像焦糖色这样的鲜亮颜色来警告捕食者。蟾蜍受到攻击时，会从皮肤上的疙瘩，也就是皮脂腺里分泌出毒素。一只大蟾蛙能将它那效力强大的乳状毒液喷射到一米远的地方。

海蛞蝓的刺须里通常携带着二手毒素。当它吃掉有毒的海葵时，就吸纳了这

海洋里的刺客

　　水底世界里有很多长着毒刺的动物。一些鱼类有着华丽的外表，如鲉、蓑鲉和土耳其鱼，它们漂亮的鳍和身上的条纹装饰都昭示了自己有毒的本性。另外一些有毒的鱼，如石鱼、黄貂鱼和鲈鱼，则潜伏在海床上很难被发现，对涉水和洗浴的人来说十分危险。

辣刺
黄貂鱼长着一条鞭子一样的尾巴，尾巴上有一根带锯齿的长刺，刺的根部生有毒腺。

背鳍之痛
鲈鱼藏在沙地里，把刺状的前背鳍伸出来。被这片背鳍刺到会感到非常疼痛。

种动物的蜇刺细胞，并将这些有毒的细胞存储在自己的刺须中。

　　生活在新几内亚岛的林鸱鹟是一种与众不同的鸟，这是我们目前所知道的唯一的一种有毒的鸟。

◀ 一条欧洲水鼩正潜入水中觅食蜗牛、软体动物和昆虫。如果发现更大的猎物，比如鱼或者青蛙，它就会用有毒的唾液让猎物无法动弹。

颜色密码

　　许多含有毒素的动物往往会在受到攻击前，先将自己有毒的事实公之于众。表明自己不值得被吃掉的最好办法，就是展示鲜亮的警告色。胡蜂通过身上的黄色和黑色对捕食者进行警告，这种黄黑颜色的组合，与其他动物身上常见的红黑组合一样，都是经典的警告色的搭配。总的来说，鲜艳的蓝色、黄色、橙色和红色，都是在警告捕食者，提醒它们远远避开。

从远处看，这条热带雨林毛虫已经通过伪装，完全融入森林的绿色中。但是它的颜色模式在近处可能会引起注意。它们鲜艳的色彩和针刺警告捕食者，它们身上的肉有毒。

动物建筑师

当动物想睡觉、躲避伤害，以及安全地养育子女时，它们通常都会在自己的家中隐秘地进行。洞穴和简陋的小窝可能是它们最基本的宿居之地，但是也有一些由动物亲自搭建的巢穴堪称设计和建筑的杰作。

大自然以拥有众多的动物建筑师以及各种不同的自制家园而自豪。想一想吧，蜂鸟那精致的用蛛网搭建的巢穴、棘鱼的水下之窝，以及在白蚁丘中那些复杂的房间。这些建筑都提供了成功建造一个巢穴需要的两点重要事实——掩蔽和安全作用。

简单的巢，比如袋獾用来繁殖的洞穴，只不过就是一个挖出来的洞，有时候在这些洞穴边缘会有一些柔软的材料作为装饰。但那些更复杂一些的，为某种特定目的而建的巢，往往需要

▲ 在南非的喀拉哈里大羚羊国家公园里，一位游客正在观看织布鸟来来回回地筑巢。雄性织布鸟通常会在试图吸引配偶之前，建筑起一个高级、精美的纺织巢。

▲ 收割鼠的家是建在小麦上的一个乒乓球大小的洞，洞的一面有个入口，里面用干燥的花瓣和蓬松的种子点缀着。雌性收割鼠每年都会建好几个新巢，这是一个安全干燥的、可供它们抚养后代的地方。

在水草丛中延展的蛛丝上，雌性水蜘蛛将自己固定在一团气泡中。这些气泡是用来进食和交配的地方，并供给它呼吸所需的空气。冬天，这些蜘蛛会在更深的水中建造出封口的"气泡家园"，它们会在里面度过一年中最寒冷的季节。

抓着筑巢材料的鱼鹰飞了下来，最先是鹰爪降下，落到它搭建起来的树枝平台上。雄性鱼鹰和雌性鱼鹰都会建一个大大的巢，这些巢通常都在树上。

动物选择、收集材料，进行一定的设计，并能将所有的材料牢牢固定在一起。

许多动物都能建筑巢穴，但最有名的筑巢专家是鸟儿。有一些巢穴是鸟儿自己创造的，比如织布鸟"纺织"出来的美丽的巢，就是动物建筑工程中的杰作。与之相似的是，一些社会化的昆虫，比如蜜蜂和白蚁，会建造令人难以置信的复杂的巢，这些巢穴中有许多独立房间。

有一些鱼，比如棘鱼，能够建造简单的巢。泰国的斗鱼会吹出一个个气泡作为巢，巢里安置着斗鱼的卵。爬行动物，比如沙龟，能够挖出 10 米长的清凉隧道。在哺乳动物中，也有一些技术高超的巢穴建筑师。它们中既有卑微的挖地洞的动物，比如更格卢鼠，也有经验丰富的泥瓦匠、纺织大师和木工，比如澳大利亚的海狸。

对家庭的信念

巢穴可以只是一个简单的掩蔽之所，动物可以在里面躲避潮湿的天气、酷热的白天和寒冷的夜晚。这些巢穴通常都只是相当基本的结构，像地下的空洞或者树上的方便的树洞。

如果一种动物需要逃避捕食者，它可能会制造一个更具永久性的巢穴，这个巢穴不但距离它的觅食之地很近，而且很难被其他动物接近。野兔的地下隧道就是为这种目的而建的理想巢穴。老鼠也在能够躲避危险的地方寻找避难所，这些地方能够远离大多数天敌。海笋是一种软体动物，它在坚硬的岩石上钻孔，以此作为自己的躲藏之地。

美洲黄鼠属动物，比如草原犬鼠，生活在相当复杂的地下"城镇"中，这些"城镇"里有许多不同

的房间和隧道。这些房间不仅仅是安全的避难所，而且还有不同的功能。有一些是用来睡觉的，有一些是用来养育后代的。狼、澳洲野狗和土狼挖掘或霸占地下洞穴，并把这些洞穴用作安全的繁殖之地，在这里抚养幼仔。

獾是夜行动物，白天躲在窝中睡觉。有一些动物能够建造掩蔽得很好的巢，在外界条件恶劣时，它们就躲在巢中睡觉。当外面的气候很糟糕时，睡鼠那小型的过冬的巢穴就是它们理想的掩蔽之所。

大多数动物建造精致的巢穴都是为了养育后代，因为小动物们通常是无助的，而且需要一个躲藏之地和安全的成长环境。收割鼠"纺织"高级的球状巢穴来养育后代。老鼠在长长的、可抓握的尾巴的帮助下，能够爬上小麦或者野草摇晃的枝茎，并在这些植物的顶端上建巢。

在北极荒地中，北极熊在深深的雪岸上建筑过冬的洞穴。在这些洞穴中，北极熊能保护自己免遭凛冽的寒风，全年最寒冷的那几个月的冬季中它都在熟睡，靠身体中储存的脂肪为生。怀孕的北极熊甚至在这些冰雪覆盖的建筑中产仔。小北极熊出生后的第一周靠母亲的奶水为生，然后在春天的时候走出洞穴。

安全的房屋

动物面对的最大挑战是照顾卵和幼仔。建一个巢穴，巢穴中的温度和湿度都适合卵的生存，而且能够安全地躲避捕食者，这会使一切都变得比较容易。一个坚固的巢穴还有利于把所有小动物聚集在一起，这样，当父母们匆匆忙忙地来回搬运食物时，才能够确切知道自己的子女在哪儿。

鸟儿们进化出了各种各样的筑巢方法。有许多鸟儿会用绿色植物"纺织"杯形巢，巢的边缘用较好的材料作为点缀，比如苔藓和羽毛。这些巢通常都被隐藏在茂密的树丛中，或者挂在树枝顶端，很难被多数天敌靠近。鸟儿还会用接近周围大自然颜色的材料对巢穴的外部进行伪装。

鸟儿的巢穴

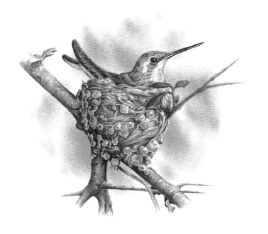

丝杯

蜂鸟的巢穴都很相似。和大多数鸟儿的巢穴一样，它们也是杯形的。但是对蜂鸟来说，树枝是很粗糙的原材料，所以，蜂鸟用柔软的蜘蛛丝来建巢。

岸边的地洞

翠鸟是一种会掘洞的鸟。它用自己的喙，在河岸挖出一条隧道，隧道末端有一个房间。食蜂鸟也是擅长掘洞的鸟。它们在砂石悬崖和硬泥地带挖隧道，隧道能有 1 米多长。

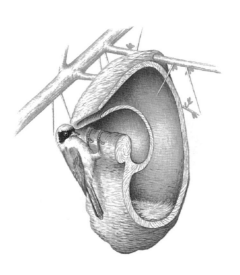

门卫策略

海角攀雀的巢有两个入口，一个真正的入口和一个假入口。任何想进入的不受欢迎的客人都会发现，那个大大敞开的入口就是一条死胡同，这条道路极其窄小。而被掩蔽住的真正的入口却很难被发现。

假胡须

东南亚的金丝燕的巢是可食用的，它们被高高地建在洞穴顶上。金丝燕会高高地飞在洞穴顶上，不断地往洞墙上吐唾液，直到它用唾液建起一个像假胡须一样的巢。人们会将这种巢收集起来，做成燕窝汤——这在中国是一道美食。

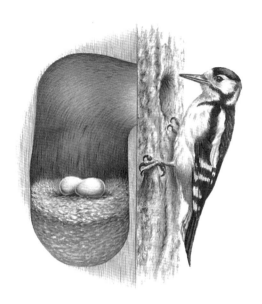

漂浮物

大型的凤头鹏鹉和其他生活在湖中的鸟儿一样，会在芦苇丛中建一个漂浮的巢。这不但能保护巢穴免受陆地天敌的侵害，而且在水平面变化时，漂浮的巢也不会沉入水中。

树上的家

啄木鸟是筑巢专家。它们能在树干中啄出一个宽敞的空间。有时候，松鼠或猫头鹰会取代啄木鸟，占据它们在树干中的家。

土墩建造者

澳大利亚的雌性马里鸡在一堆潮湿的植被中下蛋，雄性则负责用大型的沙土墩盖住这些蛋。腐烂的植物能够维持蛋的温度并帮助它们孵化。为了使这些蛋的温度恒定——既不太热，也不太凉，雄性用大量时间将沙一层一层地盖在土墩上，或者把沙从土墩上移开。新孵出来的小鸡会爬到地面上去，开始自己觅食——它们在一天内就能够飞。

简单的巢

燕鸥用地面上的残料碎片筑巢。蛋和小鸟都伪装得跟沙或鹅卵石的颜色一样。由于小燕鸥的蛋被伪装得很好，因此它们时常会被人踏碎。

你知道吗？

甜蜜的家

一些鸟儿会选择偏僻的地方筑巢。锅炉、水洞，茶壶、拖拉机的车头、谷场等，通常都是鹪鹩、知更鸟和山雀的家园。图中这只知更鸟在一辆玩具吉普车中筑巢。鸟儿有时候也会用粗糙的材料筑巢。布谷鸟并不会真正地生活在钟表中，但是曾经有一只瑞士麻雀却在钟表的弹簧中安家。斑点京燕会寻找废弃的火柴盒或者香烟盒，金黄色的金莺甚至能用一张火车票筑巢。

细小的剑鸻在鹅卵石的岸边筑巢。它的巢穴只是用地面上的简单废料筑成，但是藏在里面的鸟蛋和小鸟的颜色与周围环境融合得很好，以至于很难被找到。其他一些鸟会在易折的枝条上筑巢，或者选择那些鸟蛋难以被偷盗的地方，比如蛇不容易到达的地方。翠鸟和食蜂鸟在垂直的沙岸上挖掘隧道，这些隧道通向它们的巢穴。许多海鸟，比如海雀，会在难以接近的悬崖边缘或者遥远的岛屿上建巢。啄木鸟和犀鸟在腐烂的树干上啄出巢穴。有一些犀鸟甚至还会把自己的配偶封在洞穴中，它们用泥土将入口大部分都堵上，只留一个小口刚好露出嘴。被封在巢穴中的雌鸟只能以雄鸟带回的食物为生。

高明的筑坝者

人类会建造很复杂的房屋，但是在其他一些哺乳动物中，河狸也是建筑大师。和人类一样，它可以根据自己的需要改变居住环境。

这种大型啮齿动物对水中生活具有高度的适应能力，它们后脚有蹼，尾巴呈桨状。它们前牙有力，能咬下树枝。这种动物能大规模地伐木，在12 个月里，一对河狸能够"砍"下 200 多棵树来为自己建巢。

◀ 这些特立尼达岛上的拟掠鸟的袋状巢，从树枝上悬挂下来，就像成熟的毛茸茸的奶酪。拟掠鸟，非洲的织布鸟，南美的酋长鸟，都显示出了高超的"打结"和"纺织"技巧。

河狸的家

　　河狸洞中的房间必须通过一条水中隧道才能抵达，这使得它们能够安全躲避山猫、狼和熊。洞穴外面盖着一层泥，这层泥通常会在冬天被冻得硬硬的。洞穴圆顶上有一个通风口，能够使洞内主要房间的空气保持新鲜。

通风口

上升的干燥地区

通往洞穴的水下地道

　　它们的洞穴是一种用树枝、泥和植物组合起来的大型岛屿，通常被建在湖中心。洞穴里是干燥的居住区，能够很好地躲避天敌。河狸甚至还能通过修筑水坝抬高河流或溪流来造湖。它们将一株岸边的树"砍"倒，让树横亘在溪流上，然后在树的周围建起堤坝，首先用大型木料和枝条，也用漂石；然后用较小的材料把裂缝填上。河狸的"岛上家园"通常都是从一条溪岸边的隧道开始的，水会在堤坝筑起后上升，然后河狸会把越来越多的树枝堆积在隧道上，直到它被一个"人为"扩展的湖泊从岸边分离出来。

会挖洞的动物

几乎在所有的环境中，从潮湿的雨林到炙热的沙漠，从山峰到洋底，都有生活在地下的动物。在进化的过程中，它们为什么会生活在地下？为了适应自己的生活方式，它们需要具备一些什么样的适应能力？

许多彼此之间完全不相关的动物，都有着同样的穴居的生活方式。各种各样的虫子、甲壳类动物、昆虫、鱼、两栖动物、爬行动物，甚至鸟类和哺乳动物，都会挖洞将自己藏起来。

为什么动物能够掘洞有许多原因，而所有原因都来自它们和生存所进行的斗争。动物掘洞可能是为了寻找食物、逃避天敌、寻找可以躲避季节变更和其他原因的掩蔽之所，或者为交配制造一个安全的地方，以及抚育子女。

传宗接代

动物挖洞将自己埋起来的一个最常见的原因是躲避恶劣的环境或者捕食者。毛犰狳在白天需要一个安全的地方睡觉，晚上才出来觅食昆虫和虫子。它的爪子强壮，四肢有力，能够挖洞供自己白天睡眠，这个洞大约在地表下两米深处。在挖洞的时候，它会屏住呼吸，这样就不会吸入飞扬的尘土。

许多动物喜欢利用被其他动物丢弃的洞穴，而不是自己挖洞。生活在北美沙漠中的姬鸮，把被啄木鸟弃用的仙人掌上的洞作为自己的巢穴。在非洲，疣猪和土狼经常躲在土豚挖掘的地洞里。蜥蜴、蛇、穴鸮都把在南美草原上生活的兔鼠和草原犬鼠的洞用来作为自己的窝。

生活在沙岸的动物为了保护自己而掘洞。双壳动物在沙中或泥中挖洞，躲避鱼类的捕食，只有它们用来吸食的虹吸管才能泄露它们的位置。退潮之后，它们会在沙地中将洞穴掘得更深，避免将自己暴露在阳光之下。

如果太热了，针鼹鼠会挖洞以躲避阳光，尽管它们并不是天生的夜行动物。一旦受到惊扰，它们还会直接朝地下迅速挖洞，这大概也是它们躲避潜在威胁的一种方式吧。但是，它们那厚重的可用来掘洞的利爪的主要用途，是为了从地中挖出它们喜爱的食物——蚂蚁和白蚁。

花园鳗生活在加州湾的海床上。白天，它们将头部从洞穴里伸出来，吸食浮游生物。晚上，或者受到威胁时，它们就缩回到自己的洞穴中。

有些动物会在洞穴中冬眠或者夏眠，保护自己免受恶劣环境的伤害。北极黄鼠在整个冬天都会把自己封闭在洞穴中，它会用一种特殊的"门塞"堵住通往自己家中的唯一入口。

肺鱼是为了躲避炎热、干燥的环境而掘洞。当它们生活的池塘干竭后，它们在池底的泥中挖洞，将自己封闭在一个用身体的黏液封口的泥球中。它们用在进化中改良了的肺一样的鱼泡呼吸，而且可以像这样生存好几年，直到雨水注满池塘后才现身。

为食物挖洞

犰狳和针鼹鼠掘洞既是为了获得掩蔽之所，也是为了寻找食物。对许多其他生物来说，掘洞也是一种进食的方式。蚯蚓一边挖洞一边进食，它们吞食自己挖掘的土壤，并从土壤中提取营养物质。木蛀虫和蛀虫吃它们自己挖的木料，并将木料转化成体内有用的能量。

大开眼界

拒绝尘土

土豚用有力的前腿掘洞，搜寻白蚁和蚂蚁。它们甚至能将鼻孔闭合上，避免吸入飞扬的尘土。雌袋熊的身体上的袋子是朝后的，所以，在它们挖洞的时候，就能避免尘土进入"体袋"中。

▲ 斑鬣狗正在地下的洞穴中向外窥视呢。斑鬣狗白天躲在自己的洞穴里或洞穴附近，夜晚才出来觅食。它能够自己挖洞，或者只是简单地把土豚的旧窝扩大。

黑暗中的合作

    裸鼹鼠长着大大的牙齿，看上去像皱着皮的香肠一样。这种 10 厘米长的、没有毛的哺乳动物，成群地（每群约有 100 只）居住在东非炎热地表之下的地道系统中。它们那细小的眼睛实际上没有用处，但是它们将自己长长的、有骨的尾巴当触角。在它们前后行动时，就用尾巴来测量隧道的宽度。与蜜蜂和白蚁一样，裸鼹鼠的成员之间有不同分工。在一群裸鼹鼠中，有一个女王，它负责生育，其余的大多数工作都由雄性的裸鼹鼠负责，如收集食物、挖掘隧道等。大一些的士兵负责保护整个群体，还有一些雄性士兵负责与女王交配。

    ①在生育的房间里，女王与一只或两只雄性裸鼹鼠交配，每隔 11 周产下 12 只左右的幼仔。这些小裸鼹鼠会一直待在这间房里，直到长大。

    ②当你生活在如此拥挤的空间里时，对于大小便的训练就显得很重要了。在这里，一只成年裸鼹鼠要带着小裸鼹鼠们去公共厕所。女王的尿液中含有化学物质，能够阻止雄性裸鼹鼠的性成熟，并使自己居于统治地位。

    ③群体之间的良好关系取决于每一个成员（它们彼此都有亲缘关系）能够相互很好地相处。但有时候，隧道中也有争吵。

    ④裸鼹鼠挖洞时，会使用像剃刀一样的牙齿，它们的嘴唇会在牙后闭合，避免吞下土。负责挖洞工作的裸鼹鼠之间，会用自己的双腿向后传递土壤，并把土壤运到洞外。

    ⑤任何入侵者都会受到富有攻击性的兵裸鼹鼠的挑战，它们会用自己凶狠的牙齿保护着群体。

    ⑥巨大的食物源，比如植物的块茎，会被慢慢啃食，这样植物就不会死去，而且能够持续为它们提供食物。

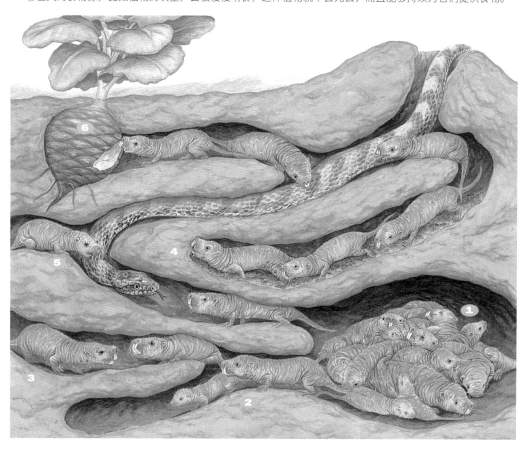

△ 毛犰狳用它那像灵巧的铲刀一样的有力的、长长的爪子在地下挖洞。这是一种领土性的动物，可以在自己的领地中挖出好几个地洞。哪一个洞的黎明来得最早，它就在哪一个洞里睡觉。如果郊狼或者其他天敌试图将它们从洞里拉出来，毛犰狳就会用自己的腿和壳将自己牢牢固定在洞壁之上。

△ 从一层沙土下，像面团一样的鱿鱼用它那刺人的瞳孔向外窥视。鱿鱼可以把自己埋在沙中，仅把一只闪烁的眼睛露在外面。鳐鱼和比目鱼也能将自己埋在海床上的沙泥中。

　　鼹鼠会维护地下的洞穴体系。它们会持续巡视地下隧道。在它们拜访地面层时，有时会偶遇蚯蚓，而这些多汁的生物是鼹鼠喜爱的食物。鼹鼠可能会把蚯蚓的脑袋吃掉，而把其身体的其余部分储存在一个特殊的虫子仓库中，作为雨天里的粮食。

△ 鼹鼠已经适应了大多数时间都在地下度过。它们那巨大的、像铲子一样的爪子能够帮助自己有效地挖洞。它们几乎看不见什么，主要靠气味和震动来觅食。

地面蜘蛛会为自己挖长长的洞穴，洞穴的边上布满蛛丝。它们还会将土层和蛛丝交替在一起，制造出紧紧的、像铰链的门。当某些昆虫出现后，蜘蛛就会跳出来抓住它，并把猎物拖进自己的窝中吃掉。

有一些人体寄生虫也会为自己的晚餐挖洞。引起血吸虫病的血吸虫的幼虫，以及被称为十二指肠虫的蛔虫，都能够在人体的皮肤中挖洞，并到达人体的某些区域，同时在人体的这些地方进食和产卵。

养育幼儿

许多动物的子女都是无助的，很容易受到捕食者的攻击。父母保护它们的一个方式就是在洞穴中抚养它们，在洞穴中，它们将不会有麻烦。

沙燕会在土质疏松、易于掘洞的沙岸筑巢。角嘴海雀会在悬崖顶上的土壤中挖洞。各种种类的啄木鸟都能在树上或者其他植物上挖洞。它们用自己坚硬的喙，在安全的地方猛击、挖洞，并在树干中喂养全家。

但是，并不仅仅只有鸟儿才会为了自己的子女挖洞。雌性北极熊也会在冬天为生产挖洞，并用洞穴来保护自己的幼仔免受恶劣天气的伤害。雌龟为了到达生育之地会进行长长的旅行。它们会爬到高高的岸上，在沙土中挖掘一个深深的洞，在洞中产下它们的卵。狼、袋獾和其他哺乳动物也会为了生育挖洞。

△ 獾是成群地聚在一起的穴居动物，以小家族的形式生活在一起。有时候，好几代獾会占据同一个地洞系统。为了保持洞穴干净，它们会定期更换居住地方或者让自己的窝巢透透气。

地下的群体

在洞穴中抚养家庭是一种非常成功的生存战略，但是，有一些动物甚至还在此基础上走得更远。在一些特定的物种中，家庭成员会待在洞穴中，并形成大的地下动物群体。

美国的囊地鼠和它们的地下家族一起，把土壤弄得像蜂窝状一样。它们吃植物的根茎，能

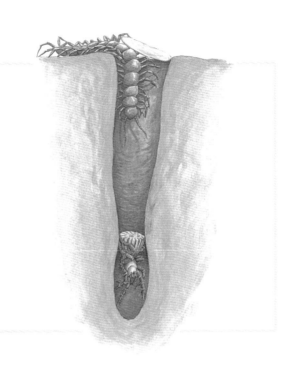

盾蛛

　　盾蛛有时候会在自己的洞穴中进攻，其中几个物种都有自己的攻击战略。4厘米长的变种蜘蛛在身后有巨大的盔甲。当入侵者进入洞中后，蜘蛛就会向下移动到洞穴最狭窄处，用坚硬的身体后部将自己封住，保护较为柔软的身子前部。还有的蜘蛛会撤退到自己的秘密房间内，或者躲藏在洞穴中的一处伪造的地板上。

够对植被造成很大破坏，包括有价值的农作物。野兔的洞穴能够延伸好几百米，其中能够容纳数百只野兔。它们用自己有力的腿在疏松的沙地上掘洞。但是，最辽阔的洞穴是那些草原犬鼠的洞穴。这些犬鼠有组织地生活在一起，就像一个城镇一样，这些"城镇"可以延伸到65公顷。"城镇"被划分为几个小型"社区"，被称为"群体"。"群体"中的成员在隧道迷宫中或者迷宫上，互相用鼻子接触，表示问候。在秋天和冬天，它们会严格维护各自的领地边界，尽管在春天时，交配也会发生在不同的群体之间。成年的犬鼠会给自己的子女留下一个过度拥挤的洞穴，同时在附近另外挖一个新洞穴。正如名字所暗示的那样，草原犬鼠生活在草原上。下大雨时，这里平坦的草地会受到泛滥的洪水之灾。为了同这种情况做斗争，这些动物会利用自己挖掘出来的土，在地洞的入口处建一个像圆锥一样的环，把洪水阻挡在外。它们

你知道吗？

泰国的动物

　　一只在泥里挖洞的、嘴部窄窄的蛙，尾巴在前，轻松地将自己滑入了软泥中。黄斑蟾蜍也是优秀的挖洞者。它们能够在沙地中挖15厘米到20厘米深的洞。在干旱时，一些蟾蜍会把自己埋在干旱的池塘底下，并将自己封在泥球中，甚至能持续好几年，直到雨水再度降临。

▲ 深红色的食蜂鸟会在土壤的大本营——布满洞穴的悬崖岸或沙岸上，一起筑巢。和翠鸟一样，食蜂鸟会挖长长的洞穴，并在洞穴底部没有经过修饰的房间中产卵。

还会设置岗哨，专门负责看守这些土墩，观察鹰、蛇以及其他捕食者。

永久的居民

　　可能适应能力最好的穴居动物是那些从来不会在白天出现，进食、睡眠和交配都在洞穴中发生的动物。海笋是一种穴居的甲壳类动物，它们的卵在浮游生物中孵化，一旦幼虫在适宜的岩石上固定，它们就会钻孔，而且永远不会离开。它们通过虹吸管从海水中提取食物，并和自己这个种类中的其他成员一样，通过将精卵同时喷射到水流中进行交配。